伊恩·斯图尔特　数学游戏全集

Dots-and-Boxes and
the Piratical
Predicaments

点格棋与海盗困境

Math Hysteria:
Fun and Games with Mathematics

【英】伊恩·斯图尔特◎著
谈祥柏 谈 欣◎译

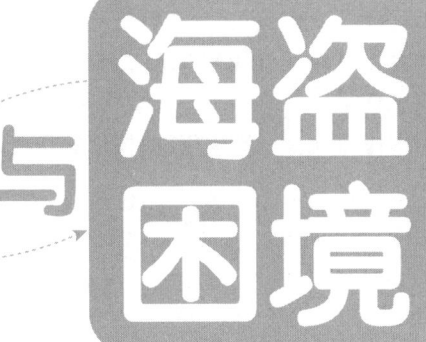

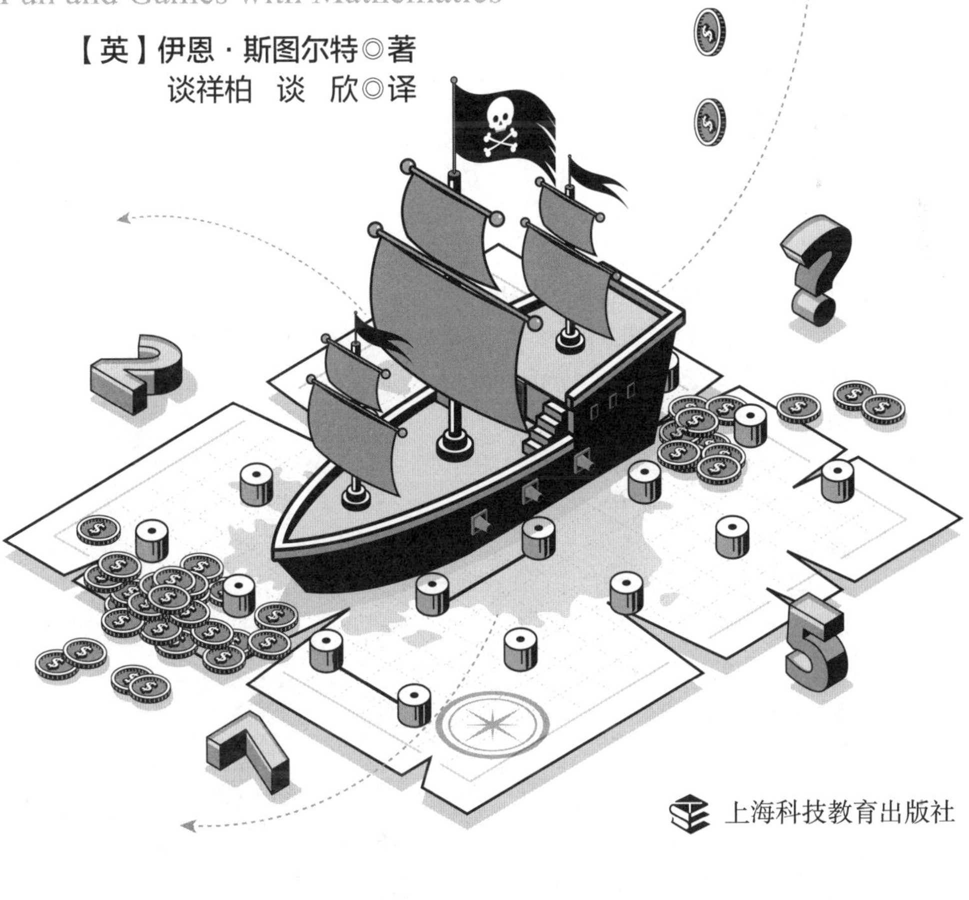

上海科技教育出版社

图书在版编目(CIP)数据

点格棋与海盗困境/(英)伊恩·斯图尔特著;谈祥柏,谈欣译. -- 上海：上海科技教育出版社, 2025.6. -- (数学桥丛书). -- ISBN 978-7-5428-8404-6

Ⅰ.O1-49

中国国家版本馆CIP数据核字第2025M012C7号

责任编辑　卢　源　李　凌
封面设计　戚亮轩

数学桥丛书
伊恩·斯图尔特数学游戏全集
点格棋与海盗困境
[英]伊恩·斯图尔特　著
谈祥柏　谈　欣　译

出版发行　上海科技教育出版社有限公司
　　　　　(上海市闵行区号景路159弄A座8楼　邮政编码201101)
网　　址　www.sste.com　www.ewen.co
经　　销　各地新华书店
印　　刷　上海中华印刷有限公司
开　　本　720×1000　1/16
印　　张　10.25
版　　次　2025年6月第1版
印　　次　2025年6月第1次印刷
书　　号　ISBN 978-7-5428-8404-6/N·1258
图　　字　09-2021-0935号
定　　价　42.00元

前　言

大约16岁时，对我来说每个月最重要的事情之一便是阅读《科学美国人》(*Scientific American*)杂志上马丁·加德纳的"数学游戏"(Mathematical Games)专栏。每一篇文章里都有一些新内容足以引起我的注意，不但数学味道十足，而且还很有趣。我有幸遇上了一些出色的数学老师，他们让我懂得，数学里头大有乐趣可享，它并不是雕刻在石板上的硬邦邦的东西。马丁·加德纳的专栏文章加强了这些信念。即使专栏文章是讲游戏的(后来，我不知道什么原因，专栏改名为"数学消遣"(Mathematical Recreations)，听起来就有点乏味了)，却依然有丰富的"严肃"数学混杂在趣味之中。

也许可以公正地说，马丁·加德纳的专栏文章是使我最终成为一名数学家的一大原因。我始终保持着对数学的兴趣，并意识到其中存在着足够的空间来接纳新概念与创造性思维。与大多数同行的专业人士不一样，我从来不屑于去干那种傻事：把数学的"严肃"面貌与它的"有趣"表现强行剥离。我并不是没有看到它们之间的差异，我只是认为不必把这种事情看得过于严重。对我来说，至关重要的是数学，我喜爱数学工作，也喜爱数学游戏，从未感到有把它们区分开的必要。

在名著《数学巨著》(The Colossal Book of Mathematics)中,马丁·加德纳曾经坦言:"我同《科学美国人》杂志漫长而愉快的合作关系开始于1952年,当时我把一篇逻辑机发展史的文章投给了他们。"他马不停蹄地给他们工作了25年之久,终于决定要离去干点别的活儿了,于是他的专栏成为群雄逐鹿之地。普利策奖的得主,名著《哥德尔、埃舍尔、巴赫,一条永恒的金带》[①](Gödel, Escher, Bach, an Eternal Golden Braid)的作者霍夫施塔特(Douglas Hofstadter)是第一位继任者,他将专栏改名为"元魔法娱乐"(Metamagical Themas),这个名称颇具巧思,在英语中实际上是"数学游戏"这一词组的字母重组。下一个继任者杜德尼(A. K. Dewdney)是《平面宇宙》(The Planiverse)的作者,他接手之后专栏再次改名为"计算机消遣"(Computer Recreations)。就在那时,数学专栏的主宰者决定给我一个加盟唱戏的机会,尽管还要经过一些时日这位主宰者的干预才会显现出来。

启动这一切的是法国人。《科学美国人》杂志被翻译成超过12种文字,其中就有法文。其实,"翻译"这个字眼并不确切,因为每种外文版

---

① 1990年代曾出版过中译本,但内容并不完整,有删节。——译者注

都收录了该国自己的材料,原杂志所刊文章有时候会从一个月移到另一个月,甚至干脆不登。法文版的刊名叫《为了科学》(Pour La Science),主编布朗热(Philippe Boulanger)对数学情有独钟,希望在刊登替代物"计算机消遣"的同时,继续保持"数学消遣"的专栏。于是,他说服了几位法国数学家,要求他们向该专栏提供稿件。就这样维持了几年,直至供稿最多的那位专家决定不干为止。一系列的偶然事件导致我受邀接手此事,对此,我当然是非常乐意的。我的第一篇专栏文章出现于1987年9月。数年之后,该专栏逐渐扩展到杂志的德文、西班牙文、意大利文及日文版。1990年12月,即"计算机消遣"改回原来的专栏名称"数学消遣"之后数月,我终于接任了在美国本土出版的母刊的操刀手。

我与《科学美国人》杂志同样有着长期、融洽的合作关系,11年间写了96篇专栏文章。我还为法文版《为了科学》杂志及其他译文版本提供了57篇稿件,其中一部分是在我为母刊工作之前的四年间撰写的,另外那些文章则让原先在美国的双月专栏居然在法国办成了每月的。有些专栏文章已结集成书出版,这一传统也是从加德纳先生开始的,其中英文版有《游戏、集合与数学》(Game, Set and Math)①,《让人着迷

---

① 本书中文版将原书一拆为二,即本系列的《无穷大与衔尾蛇》《奇偶把戏与帕斯卡分形》。——译者注

的数学问题》(*Another Fine Math You've Got Me Into*)①。书名中用的是"Math",在美国它比"Maths"更常见,因为我们的杂志名叫《科学**美国人**》(也有以法文或德文形式结集出书的)。最后,我希望每一篇专栏文章都能至少——最好也是至多——出现在一本书里。《点格棋与海盗困境》是该规划中的下一步,结集了以前没有在书中收录过的10篇文章。

马丁·加德纳是一位别人无法照搬的典范。他的继任者中没人有希望重复神奇的加德纳模式,我可以满有把握地肯定,我们中间没有一个人曾经尝试过。我知道我不会这样做。我们想要做的主要是恢复与重演本专栏的精神:用一种嬉笑、幽默的心态来阐述重要的数学思想。3000多年以前,古巴比伦的数学老师们就通过在他们的楔形文字课本中编入趣题来引起学生们的注意。古埃及人的做法也相差无几。我真怀疑是希腊人颠覆了这个好传统。由于过分强调高素质文明,从而开创了一个截然相反的传统:用严肃的、一丝不苟的、形式化的框架来阐述数学。我不免要责怪欧几里得及其徒子徒孙,他们把数学搞得如此笨重与机械,到处打着"有章可循"的记号,说什么定理46的陈述17来自引理25,陈述18来自命题12,如此等等。我并不反对证明,但要

---

① 本书中文版将原书一拆为二,即本系列的《瓷砖与缠结的数学》《树神与冒险的生意》。——译者注

适时适地,而数学想象力的早期发展与之毫无共同之处。

本书的章节安排事前并未作过特定部署,你几乎可以从任何一处进入开始浏览。书中涉及的课题范围很广,从组合学("化方为方"),到一些比较高深的课题,其中包括多面体("风箱猜想")。有些内容涉及数学游戏的取胜策略("难搞定的嚼巧克力游戏")或不引发嫉妒的复杂均分方案("分赃问题")。还有一些内容是联系生活实际的:"计算机算日期指南"一章中解释了何以每一种文明都有自己的历法,以及它们彼此之间的联系;"宗旨明确地建造金字塔"一章则估算了究竟需要多少劳工才能把胡夫大金字塔建造起来。如果你想通过研究计算机游戏(并不是真正去玩它)而赢得100万美元,那就不妨阅读"价值百万美元的扫雷游戏",它将Windows操作系统与21世纪的数学前沿课题研究紧密联系在一起。

应当向漫画家盖莱尔(Spike Gerrell)道一声谢。不,何止一声,喷涌而出的感谢委实太多,根本无法用文字表达。在他笔下,发狂的母牛、可笑的海盗、困惑的僧侣等极大地美化了本书。盖莱尔能紧抓书的精髓,其洞察力与准确性令我备感惊讶。另外,也要感谢牛津大学出版社及其出版、编辑、技术编辑团队,以及所有让一个模糊的概念转化成为一本完整书籍的其他相关人员。

最后，我必须承认，有大量"严肃"数学混杂在趣题与游戏之中——其中最炫人耳目的例子已经抽出来，完备地装进"盒子"，你们不会有任何被欺骗之感。现在，你们尽可以放心地认为，当你们潜心思索阿基米德牛群的怪异行径时，其实也正是在钻研数论的基本原理。尽管如此，我并不好为人师，打算**教**你们什么东西。我只是在人类的一项重大发明——数学中提取一些样品供你们鉴赏而已。

伊恩·斯图尔特
2003年6月于考文垂

目 录

第1章　计算机算日期指南 / 1

第2章　分赃问题 / 17

第3章　化方为方 / 39

第4章　风箱猜想 / 55

第5章　宗旨明确地建造金字塔 / 69

第6章　做个点格棋大师 / 81

第7章　难搞定的嚼巧克力游戏 / 91

第8章　能否照亮黑暗 / 105

第9章　荒谬的海盗困境 / 119

第10章　价值百万美元的扫雷游戏 / 131

进阶读物 / 145

第 1 章
计算机算日期指南

如果你认为我们常见的、有着有趣闰年规定的历法非常复杂,那么古印度与中国的历法就更加不得了,前者基于一个长达1 577 917 500天的循环,而后者则一年中有12或13个月。为什么世界上竟会有如此众多的历法?为什么每一种历法都是一种折中方案?因为完全吻合天象循环周期的历法从数学角度来看是不可能存在的。

公元前46年出现的罗马儒略历与季节并不同步。罗马统治者恺撒（Julius Caesar）听从希腊天文学家索西琴尼（Sosigenes）的建议，决定每四年设置一个闰年，增加一天，使一年的平均长度为 $365\frac{1}{4}$ 天。不料他的祭司们误解了置闰规则，把一轮循环中的第四年当作下一轮循环的第一年了，于是每三年就出现一个闰年，这个错误一直持续了50年没有被发现。不过，即便我们拥有了精密的科学技术，我们仍没有从恺撒的祭司那里吸取足够的教训，这可以拿"千年虫"的事情加以说明。一度盛传世界上大部分电子计算机都将无法处理1999年12月31日以后的任何日子，并把2000年视为1900年。事实上，绝大多数计算机——即便应用最普遍的操作系统的也不例外——甚至连正确的置闰规则都对付不了。然而，世界上并没有飞机像广泛传播的预言那样在1999年12月31日午夜过后的一分钟从天空摔下来。其实，真正的"新千年"应该从2001年1月1日开始，而不是2000年，因为根本不存在公元0年，可是绝大多数人不愿意提起这件事。

我们大概不会再犯同样的错误了。大约10年以前，厄巴纳-尚佩

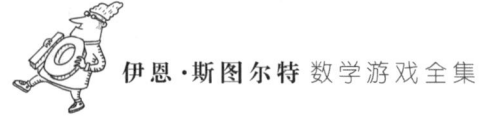

恩的伊利诺伊大学计算机科学系的德肖维茨（Nachum Dershowitz）与莱因戈尔德（Edward M. Reingold）两位学者决心为基于Unix操作系统的GNU-Emacs文本编辑器配备历法与日期编译软件。这个项目最终促成了一个独一无二的成果：借助于计算机编码将一种历法转换为另一种历法。被他们转换的14种历法是：格里历、ISO历、儒略历、埃及历、埃塞俄比亚历、伊斯兰历、波斯历、巴哈教历、希伯来历、玛雅历、法国共和历、中国农历、古印度历及现代印度历。他们写的《历法计算》（Calendric Calculations）一书（参见"进阶读物"）绝对称得上是年代学家的一座金矿。

各种文明所用的历法之所以各不相同，原因在于它们都试图完成一个不可能的任务：将无理数有理化。我们的时间单位基于三种不同的天文周期：日、月和年。一个通常的24小时**平太阳日**就是太阳连续两次到你头顶上所经过的时间。（"恒星日"是地球绕轴自转一圈所需时间，为23小时56分4秒，但地球还要绕太阳公转，为了补偿太阳穿过天空的视延误，还需要多转4分钟。）连续两次新月之间所经过的时间称为**平朔望月**，历时29.530 588 853日。太阳回到它的视运动轨道上同样位置所需的周期称为**平回归年**，历时365.242 189日。

如果每个月有29.5日，每年有365.25日，则月球的运动将每59日（2×29.5）重复一次，而对太阳来说，这个周期将是1461日（4×365.25）。于是每经过86 199（59×1461）日，地球、月球与太阳将正好回归原来的相对位置。拥有86 199日的历法将永远保持有效——如果不考虑潮汐摩擦等作用所引起的年、月、日长度变化的话。

点格棋与海盗困境

不幸的是,对设计历法者来说,年、月、日之间的有关数据之比就像无理数,是无法用准确的分数来表示的。(一个月约有29.530 588 853日,如果化成整数比,将是29 530 588 853/1 000 000 000,这将导致一个完全不切实际的极长周期。)因而,实际上在任何一天的同一时刻,月球与太阳永远不能**确切**地回归到同样状态。

对计时来说,年、月、日中最核心的问题应该是日,这是因为昼夜循环与太阴月由于宗教原因在许多文明中都异常重要。至于年则决定了四季的循环,因而,只要是一个综合性的历法,就必须把年、月、日三个要素统统包括进去。在实践中,绝大多数文明要么采用太阳历,回避月的作用;要么采用太阴历,忽视季节带来的问题。但不管如何选择,历法制定者都必须找出实际办法来处理日积月累产生的微小误差,于是就有了种种伴随历法而来的闰日、大小月(如9月份只有30日)等等。想要了解历法究竟会搞到何等的复杂,你可以去查阅一下上面提到的那本《历法计算》。

下面我将转述一些书中独特的迷人之处,但为了节省篇幅,删去了许多细节。

最简单的历法体系是不问年、月,在选定了某个合适的"纪元"(起始日)之后,逐日连续计数。天文学家采用过这类历法体系,即所谓"儒略日",然而德肖维茨与莱因戈尔德使用的是他们自己发明的"固定日子",拉丁语为"rata die",简写为RD。在这种RD体系中,第1日相当于格里历公元元年的1月1日,而格里历正是我们目前普遍使用的公历。然而,格里历中实际上并不存在真正的公元元年,因为这种历

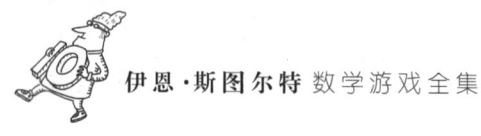

法是在公元1582年由教皇格里高利十三世下令颁行的,因而我们只能向前追溯。那个特定的日子是星期一,这就大大地为我们提供了方便,因为我们可以把第0日定为前一个星期日,而将始于星期日的那一周的日子定为0—6。《历法计算》这本书把RD值用作公共参考系。譬如说,在把希伯来历的一个日期转换为中国农历的日期时,你可以先把前者转换为RD,然后再从RD转换为中国农历。采用这种办法,只需要28个转换函数(将RD与14种历法中的任一种互相转换)就够了。

点格棋与海盗困境

问　题

1. 1 000 000 RD 是星期几？

2. 在 0 与 1 000 000 RD 之间，有几个完整的平回归年？

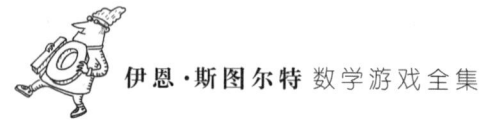

现在考虑怎样把一个格里历的日期转换为它的 RD 值,不妨以 2100 年 12 月 25 日为例。先来回顾一下教皇格里高利所制定的闰年规则,它使一年的平均长度更为准确一些:凡是公元年数为 4 的倍数之年,要多加一天,使 2 月份有 29 天,但当年数是 100 的倍数时不置闰,而当年数是 400 的倍数时仍须置闰。德肖维茨与莱因戈尔德证明了,这相当于后页所附的计算法则。例如,设 $M=12$,$D=25$,$Y=2100$,则(a)= 766 135,(b)=524−20+5=509,(c)=336,(d)=−2,(e)=25。于是 2100 年 12 月 25 日的 RD 值为 766 135+509+336−2+25=767 003。通过简单的除法运算,可以算出这一天是星期几:767 003 mod 7=6,由此可见,2100 年的圣诞节是星期六。

为了让大家体会一下《历法计算》中所附的得心应手处理问题的软件有多复杂,下面说一下现代波斯历。它是在 1925 年正式采用的,但其纪元却定在公元 622 年的 3 月 19 日——伊斯兰历纪元①之前的春分时节。波斯历基于更古老的贾拉拉历,后者是由包括奥玛开阳(Omar Khayyam)在内的一个天文学家委员会制定的。波斯历一年分为 12 个月,前 6 个月的名称分别为:1 月法伐第诺(Fravardin)、2 月阿而的必喜世(Ordibehest)、3 月荷伐达特(Xordad)、4 月提尔(Tir)、5 月木而达(Mordad)、6 月沙合列斡尔(Sahrivar),每月都有 31 天;接下去 5 个月的名称分别为:7 月列黑尔(Mehr)、8 月阿班(Aban)、9 月阿咱尔(Azar)、10 月答亦(Dey)、11 月八哈慢(Behman),各有 30 天;最后一个月,即 12

---

① 伊斯兰历纪元是公元 622 年 7 月 16 日。——译者注

怎样求格里历 Y 年 M 月 D 日的 RD 值

计算下列各式：

(a) $365(Y-1)$

(b) $\left\lfloor \dfrac{Y-1}{4} \right\rfloor - \left\lfloor \dfrac{Y-1}{100} \right\rfloor + \left\lfloor \dfrac{Y-1}{400} \right\rfloor$

(c) $\left\lfloor \dfrac{367M - 362}{12} \right\rfloor$

(d) 若 $M \leq 2$，取 0；若 $M > 2$ 且 Y 为闰年，取 -1；其他情况取 -2

(e) D

然后把以上五个结果全部加起来。

上述计算含以下解释：(a)是以平年计算的以前各年的日数；(b)是以前各年中闰年的日数（每四年有一天，每 100 年不算，但每 400 年还是要算）；(c)式很奇妙，用来计算 Y 年中已经过去的各月的日数，并事先假定 2 月份有 30 天，实际情况当然并不如此，因而需要用(d)式加以修正；在最后一步(e)中自然要把当月的日数 D 加进去，因为迄今还没有算过。

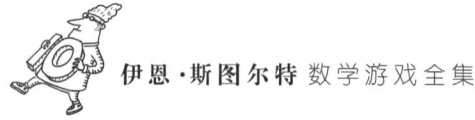

月，名称为亦思番达（Esfand），则是平年29天，闰年30天。①闰年模式完全来自贾拉拉历，未作任何更改。这一模式十分复杂，一个循环有2820年，其中包含683个闰年。2820年被分成21个128年的亚循环，再后续一个132年的亚循环。每个128年的亚循环又被细分为次循环，其长度为29+33+33；而那个132年的亚循环被细分为29+33+33+37的次循环。最后，在每一个次循环中，第5，9，13……（公差为4的等差数列）等年均为闰年。波斯历法的准确程度很惊人，在一轮2820年循环的末尾，误差只有1.7分钟，因此要等上239万年，它与真正的天文周期的误差才能相差一天！

  古老的印度阴阳历所遵循的则是一个截然不同的模式。在这种历法中，月份是紧跟月相变化的，额外的置闰月份则是为了与回归年保持同步。然而，它同绝大多数阴阳历不一样，其置闰周期并不遵循一个固定的简单模式。这一历法中，总体结构是一个长达1 577 917 500日的循环。所谓的"年"（严格地说，应该叫**雅利安恒星年**），是这个循环的1/4320000，大约等于365.258日。**太阳月**是一年的1/12，每个月都有特定名称。**太阴月**被定为上述1 577 917 500日循环的1/53 433 336，相当于29.531日。这种历法的基本思路是同时运用太阳月和太阴月。通常情况下，一个太阴月会与两个太阳月之间的分界线有重叠，但有时也会出现一个太阴月被一个太阳月完全包容的情况。此

---

  ① 这些怪里怪气的名字都是波斯文译名，来自《七政推步》，参见《中国大百科全书·天文卷》499—500页，该条目为我国权威学者严敦杰先生所撰。而波斯文的拉丁拼音与本书也略有差异。——译者注

时该月份就被认定为太阴闰月,其月份名称来自上一个太阴月(见图1.1)。

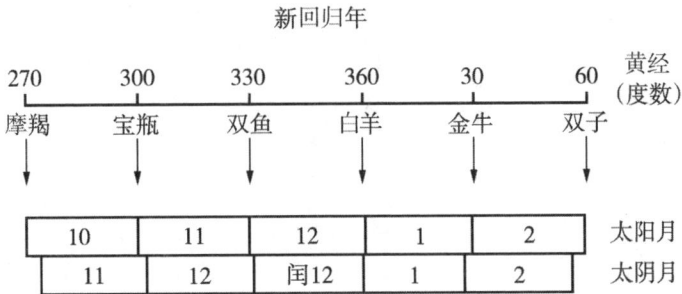

图1.1　印度阴阳历,当一个太阴月完全位于太阳月内部时,需要设置闰月

最后,让我们对中国农历投以一瞥,这种历法的依据是天文事件,而不是算术规则。中国农历至少经过了50次修改,《历法计算》一书中收录的是它最近的版本,颁行于公元1645年,即清王朝成为全国性政权后的第二年。在这种历法中,月是指太阴月,每月的第一天称为朔日,一年有12或13个月。月份的安排取决于太阳穿越黄道十二宫。回归年被划分为12个主项(**中气**)与12个次项(**节气**),每一项相当于黄经的15°,主项始于30°的整数倍,次项则位于两个主项之间。在任何一年,这些主项和次项大体上占据了差不多的位置(见图1.2)。

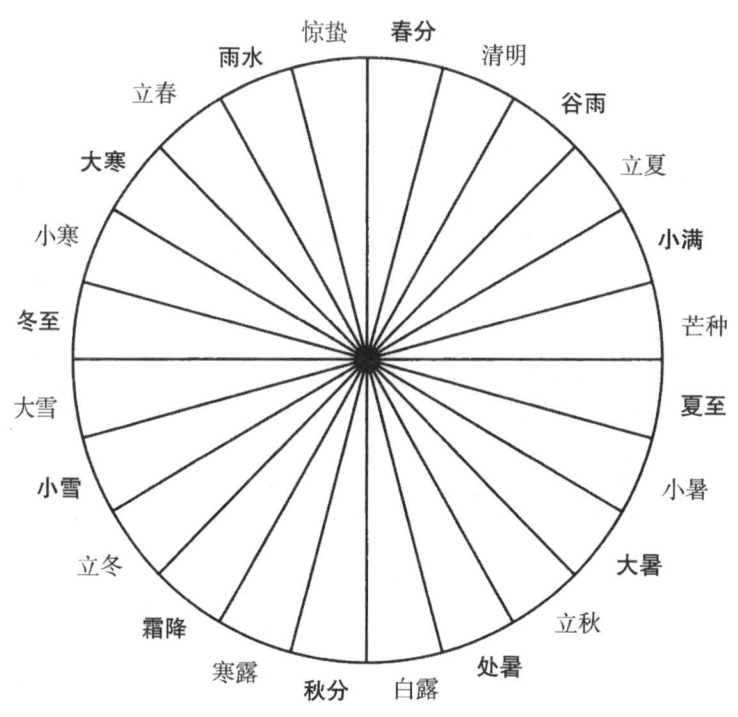

图1.2 中国农历的二十四节气(主项以黑体字表示)

制定历法的基本思路是冬至永远定在每年的11月。如果某一年只包含12个完整的太阴月,那么这些月份总是定为12,1,2,3,4,5,6,7,8,9,10,11。但若某一年有13个月,那么有一个月份必须重复,称为闰月。究竟哪个是闰月呢?历法规定:不含中气的第一个月定为闰月。(因为有13个月而只有12个中气,所以至少有一个月不含中气——这便是抽屉原理的一个应用:如果抽屉数多于球数,那么至少有一个抽屉里没有球。)

鉴于目前的历法如此复杂,人们自然要问:将来会怎样呢? 光靠数学是不够的,还需要动力学、天文学、物理学、气候学……由于潮汐引力的作用,各种天文周期的长度都在缓慢地变动。另外,还有一个"分点岁差"问题,它是不稳定的,多少要受到地球冰期的扰动,因而未来的历法必定要同气候有所联系。事实上,未来的历法必须是交互的,要根据实际发生的情况进行调整,而不是完全基于事先制定的规则。天文学家威兹德姆(Jack Wisdom,麻省理工学院)与拉斯卡尔(Jacques Laskar,巴黎经度局)已经发现,太阳系的运行具有混沌性,如果你设置一种固定历法来与四季保持同步,那么,广为人知的"蝴蝶效应"就将使它背离现实。公元10 000 000年的美国独立日也许仍是7月4日,但没有人敢预测它距今究竟有多少天。

答　案

1. 请注意每周的"星期几"形成了一个长度为7的循环周期,图1.3揭示了这个"周而复始"的情况。因此,凡是RD值为7的倍数的日子必然是星期日,除以7后余数为1的日子一定是星期一,以此类推。于是我们知道,星期几的这个"几"是把RD值按模7取同余得到的。"模"(Modulo)是一个拉丁文单词,$x \bmod 7$的意思就是"求出x除以7后所得之余数"。因为 1 000 000=7×

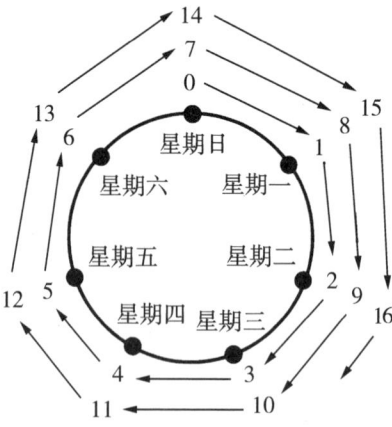

图1.3　通过同余的办法求出星期几

142 857+1，所以当 x=1 000 000 时，余数为 1，故 1 000 000 RD 是星期一。

2. 可将 1 000 000 除以 365.242 189，得到商 2737.9094。它告诉我们，1 000 000 RD 这个日子出现在 0 RD 的 2737 个完整平回归年之后，此数是我们省略了小数点以后所有数据而得出的。在数学中，它是运用"弱取整函数"$\lfloor x \rfloor$ 得出的结果，该函数的意思是取小于或等于 x 的最大整数。

第 2 章
分赃问题

两人分蛋糕比较容易分得公平,方法是"我来切,你来挑。"人数一多,公平分配就是一桩困难任务了。而所谓的"公平"究竟该如何理解,也变得异常复杂起来。也许你感觉到自己已经得到了公平的一份,但也有可能认为某个人到手的超过了他应得的份额。避免出现此类问题的分蛋糕方法称为"无嫉妒分配法"。直到最近,人们只知道仅适用于两个人或三个人的无嫉妒分配法。但是现在不同了……

亚瑟在厨房的桌子上把袋子倒空了。贝莎、克莱尔和丹尼斯全都瞪大了眼睛,一眨不眨地盯着翻滚而出的一叠叠钞票和成堆的珠宝。

困难的事情来了:怎样分赃?没有一个人相信别人,而且他们全都铁定了心,绝不能让别人拿的份额超过自己。亚瑟把钞票很快分好,由于人人都睁大了眼睛盯着,这件事情较易办成。瓜分珠宝要困难得多,因为每个人对珠宝的价值估计有很大差异。幸好这些东西之中,大部分都是金链条之类,必要时可以割开来分。

"我们应该抓紧了,"克莱尔神经兮兮地说,"警察不会离我们很远,我们还需要把东西藏起来。"

"那好,我要那个钻石王冠,"贝莎急忙把它戴在头上,"克莱尔可以拿项链……"

克莱尔大叫:"什么项链,都是些垃圾货!我要祖母绿胸针和……"

"安静一点!"丹尼斯喊道,"你们这帮窃贼总是吵个不停,怎么可能达成一致呢!我们要的是一种解决办法,保证让每个人满意地拿到应得的份额。"

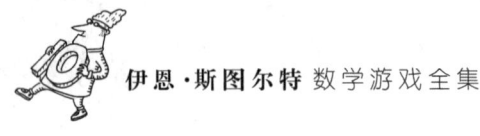

"是啊。"

他们目不转睛地盯着那堆各色珠宝。

三个小时过去了,他们的眼睛仍然盯着那里。这时,丹尼斯发话了:"我们真正需要的是数学家所称的'合比例的无嫉妒分配方案'。"

"是啊,"亚瑟说,"你说得对,丹尼斯。呃,那个奇怪的名称究竟是什么意思?"

克莱尔打断了他的话,"嫉妒就是一个人对别人比他拿得多感到不满……"

"嫉妒我是懂的,我的意思是指那整个较长的名称,"亚瑟说。

"噢,是吗?"

在两人开始激烈争吵之前,丹尼斯赶忙作出解释:"一个分配方案就是在几个人之间分东西的系统方法。所谓合比例,就是最终每个人都满足于自己至少拿到了公平的一份。至于说无嫉妒,那就是没有人认为别人拿到的东西超过了他们应得的份额。"

"两者是一回事吗?"贝莎问道。

"不一样,"克莱尔说,"丹尼斯,我说的对吗?"

丹尼斯点了点头。"无嫉妒的方案始终是合比例的,可是合比例的方案却未必是无嫉妒的。"

"何以如此?"

"我来举个例子,"丹尼斯说,"假定你们三个人要分三样东西——一个手镯、一根项链、几只耳环。你们通过主观评估,得出的比例如表2.1。

表 2.1

	手镯	项链	耳环
亚瑟	**40%**	50%	10%
贝莎	30%	**50%**	20%
克莱尔	30%	20%	**50%**

如果亚瑟拿了手镯,贝莎得了项链,克莱尔取了耳环,那就是一种合比例的分配方案(见表2.1中用粗体字表示的百分比),每个人都认为他们的那一份价值超过了33%。然而亚瑟仍会对贝莎心存嫉妒,因为她拿的是项链,而在他的心目中,项链比手镯更值钱。"

我们将会看到,制定一个无嫉妒分配方案要比制定一个合比例分配方案困难得多。你们也要记住伴随着分配方案的是一整套策略(每人都有属于自己的一个),足以保证他们认为自己业已达成目标。这些策略并不是方案的一部分,而且往往是心照不宣的,但非此不能保证公平。我们通常把分东西的人称作"玩家",因为这有助于将整个过程视为一个游戏中的系列动作,而习惯上也将待分配的贵重物品看成是一只蛋糕。

对两个玩家,例如亚瑟与贝莎来说,存在着一个很简单的无嫉妒分配方案:"我来切,你来挑。"亚瑟把赃物分作两份,贝莎则按喜好挑选两者之一(见图2.1)。

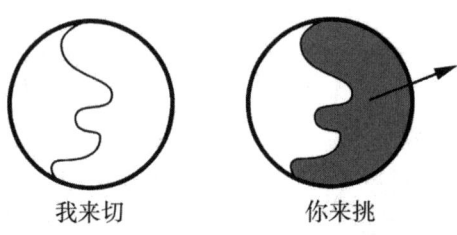

我来切　　　你来挑

图 2.1　两人分蛋糕的传统方法

伴随方案的策略如下：

亚瑟的策略：将赃物按 50 对 50 的比例来划分，不管贝莎要哪一份，自己都不会受损失；

贝莎的策略：哪一份看起来较大，就把它拿走。

亚瑟的策略足以保证他拿到的一份至少有赃物的 50%，而贝莎的策略也有同样的作用。因此，这种分配方案是无嫉妒的，当然也是合比例的。

由于是丹尼斯提出要找到一个分赃方案，另外三个窃贼就敦促他前往当地的大学图书馆去查找所需资料。他很快回来了，带着几本书，但不是借来，而是偷来的。

"丹尼斯，为什么你不办理这些书的借阅手续？"

"对不起，贝莎，我这是习惯成自然。"

丹尼斯发现，数学中的这一领域起始于第二次世界大战期间的波兰城市利沃夫（Lvov）[①]。1944 年，苏联军队与德军激战，从纳粹手中解放波兰时，数学家斯坦因豪斯（Hugo Steinhaus）[②]却在一个趣题中寻找

[①] 原文如此，但此地 1939 年划归苏联的乌克兰。——译者注

[②] 波兰著名数学家，我国曾先后译过他的名著《数学万花镜》，影响不小。——译者注

乐趣。斯坦因豪斯知道"我来切,你来挑"的两人分蛋糕方案,也晓得伴随它的策略为何能使每位玩家都相信他们所分得的一份至少是一半。第一位玩家把蛋糕切得在他看来正好是一半对一半。倘若第二位玩家不认为如此,她可以取走在她看来较大的那一块。两个人都没有抱怨的理由。如果第一位玩家对最后的结果感到不满,那他应当在下刀时格外谨慎小心;倘若第二位玩家不满意,那也只好怪她自己挑错了一份。任何一个人在任何一个阶段都没有被强迫要求作出过一个他们认为不公平的选择。

丹尼斯对亚瑟、贝莎、克莱尔说:"斯坦因豪斯曾经考虑过三人分蛋糕问题(譬如说,你们三个人)是否有解。"

"当然能行啊,"亚瑟说,"我来把蛋糕切成我认为正好相等的三块,然后让贝莎挑一块,再轮到克莱尔,怎么样?"

"不,"贝莎明确表示异议,"这种方法不管用。克莱尔与我有可能一致认为,亚瑟所分的三块中,有一块蛋糕肯定大于整只蛋糕的 $\frac{1}{3}$,而其他两块较小。这样一来,我会取走那块大的,而克莱尔当然不满意了。"

丹尼斯告诉他们,斯坦因豪斯后来提出了一个极复杂的七步工作法,结果是每一位玩家都满意地认为自己已经得到了整只蛋糕的至少 $\frac{1}{3}$。也就是说,斯坦因豪斯找到了一个合比例的分配方案,下面会详细解释。先来规定一些有用的术语。如果玩家认为一块蛋糕的大小等于整只的 $\frac{1}{3}$(或更多),就说这一块是"公平"的;如果玩家认为其大小不

足整只的 $\frac{1}{3}$，就说它是"不公平"的。"派司"的意思是在那一步什么也不干。这里说的切块大小只是为了方便，实际上它们代表的是参与的玩家主观上认为的东西的价值。写在括号里头的文字并不是分配方案的一部分，只是为了解释条文之所以能起作用的道理，它们是对玩家所采取策略的一种注解，其目的是保证玩家获取他们应得的份额。

1. 亚瑟把蛋糕切成三块（他认为切得十分公平，因而主观上认为每一块的大小都是一模一样的）。

2. 贝莎的应对办法可以是下列两者之一：

   - 派司（如果她认为至少有两块是公平的），
   - 在（她认为分得不公平的）两块蛋糕上贴上"不好"标记。

3. 倘若贝莎"派司"，那么克莱尔可以挑一块（她认为是分得公平的），然后贝莎选一块（她认为是分得公平的），最后由亚瑟拿剩下的一块。

4. 倘若贝莎将两块蛋糕贴上"不好"标记，则提供给克莱尔的选择也同贝莎一样——派司，或将两块蛋糕贴上"不好"标记。克莱尔是按自己的判断贴标记，不用考虑贝莎所贴的标记。

5. 如果克莱尔什么也不干，则玩家们按贝莎、克莱尔、亚瑟的顺序来挑选蛋糕块（应用的策略与第3步相同）。

6. 倘若克莱尔也将两块蛋糕贴上"不好"标记，那么至少有一块是两个人都认为"不好"的。这块就由亚瑟拿去。（因为亚瑟认为所有蛋糕块都是公平的，他不可以抱怨）。

7. 将另外两块蛋糕重新拼在一起。（克莱尔与贝莎都认为重新拼起来的蛋糕至少是整只蛋糕的$\frac{2}{3}$。)现在再由克莱尔与贝莎两人来扮演"你来切,我来挑"的角色,分配剩下来的蛋糕(这样一来,人人都认为自己得到了应有的一份)。

"哇,"亚瑟说,"这个分配方案太烦琐了。"

丹尼斯说:"你等一下,你们没有抓住问题的要害。麻烦在于斯坦因豪斯的办法虽然称得上是合比例的,但却不是无嫉妒的。有可能找出一些案例,每位玩家都认为自己得到了公平的一份,然而有人,例如贝莎,仍然会认为克莱尔分得的一份比自己更大。"

譬如说,假定贝莎认为亚瑟的切割至少有两块是公平的,那么方案就于第3步后停止。这时,亚瑟认为所有三块蛋糕的大小都等于整只蛋糕的$\frac{1}{3}$,贝莎认为至少有两块,克莱尔也必然认为她自己分得的一块至少有$\frac{1}{3}$,所以这种分配方案是合比例的。但若贝莎把亚瑟的一块看成$\frac{1}{6}$,克莱尔的一块看成$\frac{1}{2}$,那么她就会嫉妒起克莱尔来,因为克莱尔先下手为强,把贝莎认为大的一块拿走了。

"斯坦因豪斯后来找到一个无嫉妒分配方案了吗?"克莱尔问道。

"不,不,"丹尼斯回答,"嫉妒不嫉妒的问题根本不在他心上,那是后来才有的事情。"亚瑟咬咬牙齿,有些神经质地探视着窗外。还看不到警方的任何动静。丹尼斯滔滔不绝地继续说下去:"他所关心的是要找到四人或四人以上的合比例分配方案。所幸不久之后,他的朋友巴拿赫(Stefan Banach)与克纳斯特(B. Knaster)找到了一个这样的方案。"

假设有 n 个玩家,把他们称之为 $P_1, P_2, \cdots, P_n$。如果某一块蛋糕的大小达到整只的 $\frac{1}{n}$,这时玩家就认为它是"公平"的,如果不到 $\frac{1}{n}$,就视它为"不公平"的。

于是,巴拿赫–克纳斯特的方案如下:

1. P_1 切出(自认为公平的)蛋糕块 C;

2. P_2 可以选择下列两者之一:

  • 派司(如果他认为 C 是公平的),

  • 把 C 加以切削(得到公平的切块,我们继续称之为 C),并把削下来的碎蛋糕屑暂时搁在一边;

3. 把新的蛋糕块 C 给 P_3,请他作与上述同样的两取一选择,然后给 P_4 作选择,就这样依次进行下去,直到除 P_1 以外的每一位玩家都有机会按自己的意愿切削了蛋糕块 C;

4. 如果没有人切削过 C,那它就归 P_1。如果 C 被切削过,那么最后一个切削它的人就得到 C(此人认为它是公平的);

5. 余下的蛋糕块加上削下来的碎屑重新拼在一起。剩下来的 $n-1$ 位玩家(他们全都认为现在剩下来的蛋糕至少是原来的 $\frac{n-1}{n}$)重复上述过程;

6. 就这样继续进行下去,直到只剩下两位玩家,然后由他们分别扮演"我来切,你来挑"的角色。

丹尼斯指出:"不过,巴拿赫–克纳斯特方案仍然只是合比例的,而不是无嫉妒的。"

"是啊,"贝莎说,"在 $n=3$ 时,它同斯坦因豪斯的方案也不同。事实上,它要简单些。"

"说得很对,"丹尼斯说,"那是由于它引进了一个新想法——削减。其实,斯坦因豪斯也有贡献,在他的方案中引进了另一个重要想法:先分蛋糕的一部分,然后再集中精力解决剩下的部分。"

贝莎背靠座椅,凝视着天花板。"当然啰,在我们的问题中,对每样东西的估价,大家不一定需要取得一致。"

"啊,"丹尼斯说,"对斯坦因豪斯来说,这也是对的。这类问题的一个关键特征是,各位玩家对蛋糕块与碎屑的评估不一定需要取得一致。个体差异的存在是一个决定性的特征。事实上,斯坦因豪斯已经注意到,当人们的意见不一致时,一般说来,问题反而会变得更容易一些。"

"何以如此?听起来似乎很不对头。"

"贝莎,如果我喜欢吃蛋糕上的糖衣而你喜欢它的杏仁蛋白层,那我们不是很容易皆大欢喜、各得其所吗?"

亚瑟嘴里咕哝着表示他已经明白了这一点。"丹尼斯,这种方案实在有点过分讲究细节了。警察可能在任何一分钟露面,有没有其他办法可供我们使用?"

"肯定有的。在数学上有抽象的存在性证明,其依据是李雅普诺夫(Liapunov)凸性理论。这些理论告诉我们,等分蛋糕的方法是永远存在的,但它们并没有告诉我们怎样找出这么一种分法。后来出现的是'移动刀'算法。"

下面所说的由杜宾斯(L. E. Dubins)及斯帕尼尔(Edwin Spanier)在1961年想出的方法就提供了一个范例。用一把很大的刀缓缓地在蛋糕上方平行移动。当有玩家愿意接受切下的蛋糕片时,就立即大喊一声"切下!"不过,移动刀方法实际上涉及无限多的潜在决策,因为在任何一个瞬间,每一位玩家都必须作出"是"或"非"的决定。因此,它并不是一个真正的算法。采用此方法时,要讨论的分配方案全都是由一系列离散的决策序列所组成的。

"这样说来,我们仍然还在讨论方案,"亚瑟说,"如果我们无限制地拖延下去,警察肯定会来的。"

"我可不想把赌注押在这上面。"克莱尔咕哝。

丹尼斯在桌子底下悄悄地踢了踢她,继续把故事讲下去:"在1960年代前期,三位玩家的无嫉妒方案终于被塞尔弗里奇(John Selfridge)与康威(John Horton Conway)各自独立地发现了。"

他们的方法先是在消遣数学的爱好者之间非正式地传播,最后得以在《科学美国人》杂志中马丁·加德纳主持的"数学游戏"专栏上正式发表。

点格棋与海盗困境

问　题

你能否给出三个人的无嫉妒分蛋糕方案?

"这个办法很妙,"亚瑟说,现在他已经快没有耐心了,"但我们是四个人,不是三个。"他的眼睛眯成一条缝,凝视着丹尼斯,一面从腰带里拔出一把刀来,"如有必要,我们还是用移动刀方法来解决吧。"

"我向你保证,那是没有必要的,"丹尼斯急忙表态,"几年前或许应该那样搞,因为在当时,这个问题长期停滞不前,没法解决。我们已经知道四个或更多玩家的无嫉妒分配方案是肯定存在的,但没有人能够搞出这样一个方案,以便用有限步数实现这种分配。"

克莱尔把身子向前靠了靠:"后来又发生了什么事情?"

丹尼斯答道:"科普作家奥利瓦斯特罗(Dominic Olivastro)就此问题为《科学》(*The Sciences*)杂志写了一篇问题综述。纽约大学的政治学者布拉姆斯(Steven Brams),即写过博弈论读物的那位作者,读过那篇文章之后入了迷。布拉姆斯长期以来对涉及公平分配的政治、经济问题一直深感兴趣,例如第二次世界大战末期盟国对德国的划分。现在遇到了以纯数学方式提出的同一问题了。"

"布拉姆斯由寻找三位玩家的无嫉妒方案入手,他并不知道塞尔弗里奇与康威已经发现了一种方案。他的方法相当于塞-康方案的前三步,一个**部分无嫉妒分配**,但与他们所用的继续分配残余物的复杂方法不同的是,布拉姆斯只是将同样的方法不断重复而已。"

"但那只会产生越来越多的残余,"贝莎提出了反对意见。

"是的,但它们是二级残余,比一级残余要小得多。还可以对之进行第三次分配,如此等等。"

"这能算是一个分配方案吗?经过有限多步之后,它未必能停下来。"

"说得很对,但它很简单,而且管用。"

"我猜想,它可以做到足够公平……"

"最终的方法会使你满意,而且它确实可以停下来。不管怎么说,受到早期成就鼓舞的布拉姆斯继续努力去寻找四个人的方法,可是却碰了壁。"

亚瑟一面故意用手指拨弄着刀,一面不断地咆哮。丹尼斯强忍怒火,急速地继续说下去,"正在走投无路之时,他同纽约州斯克内克塔迪联邦学院的一位数学家朋友泰勒(Alan Taylor)有了联系。泰勒在主持学生的期末考试时思考了这个问题,他也同样采取了对残余物满不在乎的态度,并最后解决了问题。泰勒的解法十分怪诞,因为第一步要把蛋糕切成五块——即使实际上仅有四位玩家。"

"那是横向思维得出的神奇的一块。"

"你说得对。泰勒承认自己已经想不起这个点子来自何处。"

下面便是泰勒提出来的、适合四位玩家的部分无嫉妒方案:

1. 亚瑟把蛋糕切成(他认为相等的)五块。

2. 如有必要,贝莎至多可以切削两块蛋糕,以形成(在她看来)鼎足而立的最大三块,并把切下来的碎屑搁在一边。

3. 如有必要,克莱尔可以切削一块蛋糕,以形成(在她看来)并列最大的两块。

4. 丹尼斯第一个挑选,然后是克莱尔、贝莎,亚瑟取走最后剩下的一块。如果克莱尔或贝莎曾经切削过某块蛋糕,则当它出现在其面前

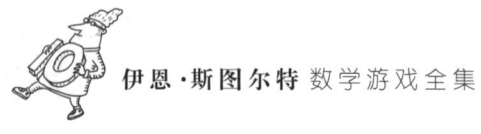

时,非挑它不可。

不难看出,每一位玩家都会认为自己挑中的一块至少是并列最大的,因而这种分配方案是无嫉妒的。

"一切都很好,"亚瑟说,"不过它并不能完全解决问题,丹尼斯,你说是不是?"

"确实不能。塞尔弗里奇与康威的方案是有限的,它不能永远进行下去。但布拉姆斯满不在乎地处理残余物的做法会无限重复下去,因此,严格地讲,他们并未找到一个真正的解决方案。不过,这对布拉姆斯的影响有限——政治学上永远会有宽松的结局,而丢失一些蛋糕碎屑是无足轻重的。不过这对数学家泰勒来说,却不能不引起重视。于是他在两位同事兹维克(William Zwicker)与高尔文(Fred Galvin)的帮助下潜心钻研了几个月,直到找到了一个方法来重新安排一系列选择的顺序,从而使该分配方案能够始终终止于一点碎屑都不会剩下来。"

即使只有四位玩家,该方案也是极其复杂的:它需要经过20步,其中有一步是由不同玩家轮番进行切削-挑选决策的冗长序列。由于它的复杂性,我们将在本章之末以一个单独篇幅来说明它。方案中的两步各需要挑出一个数,此数与不同玩家对蛋糕块相对大小的主观估计有关,因而方案的步数取决于确切的优先权。无论优先权如何确定,总步数总是有限的,但通过适当设置初始优先权,可以随心所欲地把步数扩充到极大的程度。我们注意到它与泰勒原先发明的部分分配方案不同,还是从分成四块的传统方式开始的。不过,泰勒的分块数多于玩家数的新思路在中间过程中数度出现，而在反复分割残余物的冗长过程中，他那个分成五块的方案也曾以其本来面目出现过。

亚瑟、贝莎、克莱尔和丹尼斯开始运用布拉姆斯-泰勒方案，他们工作得非常卖力。将近两小时之后，桌子上铺满了纸片，上面充斥着潦草书写的冗长计算。亚瑟的眼睛牢牢地盯着一块大祖母绿宝石。

"我想，我们应该把它切成12块，"亚瑟盯着丹尼斯说。

"是啊，想法很好——这个方案对分蛋糕自然很起作用，对其他容易分割的东西大概也差不多，"丹尼斯一边说，一边看亚瑟的面部表情，"至于那些硬得很难分割的东西嘛，问题就要难办得多，甚至会无解……"他的声音越来越轻，面露惧色，"噢，亚瑟，收购贼赃的弗雷迪有本事分割那块祖母绿宝石，比你说一声'呸'还来得容易。"

"我不希望弗雷迪卷入这件事，"亚瑟说，"丹尼斯，你已经浪费了许多宝贵时间，不要节外生枝。警方现在可能已经追上我们了，如果果真如此，责任全在于你……"

他的话突然打住，远远传来了警报器的响声。

声音越来越响了。

亚瑟转过身来，对着贝莎与克莱尔说，"我想，现在必须采用不合比例不考虑嫉妒的分配方案了。"他用刀指着丹尼斯说："我来切，怎么样？"

"好的，但由我们来挑，"贝莎说。

适用于四位玩家的布拉姆斯-泰勒分配方案

1. 贝莎把蛋糕分成(她认为公平的)四块,每人各给一块。

2. 亚瑟、克莱尔与丹尼斯被依次询问是否反对这种分法(如果他们中间有人嫉妒另一位玩家,就可以表示反对)。

3. 如果无人反对,算法停止,分配宣告结束。

4. 否则,就从第一个反对者开始。假设其人为亚瑟。他可以选出他嫉妒的一块蛋糕,称之为 A;原先分给他的一块称之为 B。在选定 A 与 B 以后,其他蛋糕拿回去重新拼在一起,留到后面处置。

5. 由亚瑟指定一个整数 $p \geqslant 10$(被指定的这个整数 p 具有下列奇特性质。假设 A 以任何方式被分作 p 块,即使 7 块最小的被全部拿掉,亚瑟还是宁愿要 A 而不要 B。他可以通过解不等式 $p > 7a(a-b)$ 来定出这个 p,其中 a 是他对 A 的估值,b 是他对 B 的估值)。

6. 贝莎把 A、B 都分成(她认为相等的)p 块。

7. 亚瑟从 B 中挑出(最小的)三块,称之为 S_1, S_2, S_3,他可以选择下列两者之一:

- 从 A 中挑出(最大的)三块(如果他认为它们统统都严格大于所有的 S),并最多切削其中的两块(切削到与三块之中最小的那块同样大小);

- 把 A 中(最大的)一块分成(相等大小的)三块,不管他怎样做,将这些块称为 T_1, T_2, T_3。

8. 克莱尔拿到上述的 S 与 T,一共六块,然后可以选择下列两者之一:

- 派司(如果她认为已经有两块是并列最大的);

- 切削(最大的)一块(以造成并列最大的两块)。

9. 按照丹尼斯、克莱尔、贝莎、亚瑟的顺序,从经过第8步修正的(他们以为最大或并列最大的)六块 S 与 T 中各选一块。如果克莱尔切削过的那块出现在她面前,那她就非取不可。贝莎必须挑一块 S,而亚瑟必须挑一块 T。

到这一步结束时,我们已经实现了一个部分无嫉妒分配,但是留下许多残余物,这是亚瑟认为他的一块严格大于贝莎的那一块的部分,设其为 x。

10. 由亚瑟指定一个整数 q(选取的 q 要满足不等式 $\left(\dfrac{4L}{5}\right)^q < x$,其中 L 是亚瑟对残余物的估值)。q 的作用是为了防止下一阶段没完没了地重复下去。

11. 亚瑟将残余物分成五块(这是泰勒的初始想法)。

12. 如果有必要,贝莎最多可以切削两块,以便形成(在她看来)并列最大的三块,并将削下的残余物搁在一边。

13. 如果有必要,克莱尔可以切削一块,以产生(在她看来)并列最大的两块。

14. 丹尼斯先挑,然后轮到克莱尔、贝莎,最后剩下的一块归亚瑟。如果克莱尔或贝莎曾切削过某一块,则当此块出现在她们面前时,她们非拿不可。

15. 第11到14步再重复进行 $q-1$ 次,每一次都以上一轮的"残余物"作为工作对象。

到这一轮之末,我们有了一个部分无嫉妒分配结果,其中亚瑟对贝莎拥有一种不可变更的优势,他将认为自己分到的那一块要比贝莎分得的

那块加上所有残余物还要大。现在我们得出了一张玩家之间的有序对，也可以叫**不可变更的优势清单**，例如写下(亚瑟，贝莎)这样的对子。这提醒我们亚瑟对贝莎拥有一种不可变更的优势。

16. 贝莎把残余物分成(她认为相等的)12块。

17. 另外三位玩家分别宣称自己"赞成"或"反对"这12块是一样大小的。

18. 如果每位赞成者都对每一个反对者拥有不可变更的优势(可见清单)，那我们就把这12块平分给反对者，使他们每人分到同样的块数，分配过程到此结束(这就是我们选用12这个数的原因，它可以分别被1，2，3，4整除)。

19. 如果情况不是这样，我们挑出第一对不存在不可变更优势的(赞成，反对)玩家，返回到第4步，让赞成者扮演亚瑟的角色，反对者扮演贝莎的角色，并将残余物视为整只蛋糕。

20. 重复执行第5到第18步(最多经过15轮循环)，直到每一个(赞成，反对)对子都出现在"不可变更的优势清单"上为止，此循环终止于第18步。

有关方法的详细证明，请参看本书的"进阶读物"。

答　案

1. 亚瑟把蛋糕切成（他认为公平的）三块。

2. 贝莎可以选择下列两者之一：

• 派司（如果她认为至少有两块蛋糕看上去都是最大的），

• 切削（最大的）一块蛋糕（以便形成同样大小的蛋糕块），将削下来的碎屑称为"残余"，暂时搁在一边。

3. 按照克莱尔、贝莎、亚瑟的顺序分别选一块（他们认为最大或并列最大的）蛋糕。如果贝莎在第2步并未派司，那么贝莎必须取那块被她切削过的蛋糕，除非克莱尔在她之前已把它取走；[在此阶段，不包括残余的那部分蛋糕已通过一种无嫉妒的方式（一个"部分无嫉妒分配"）分成了三份。此结论需要作一些检验，但它确实成立！]

4. 如果贝莎在第2步选择了"派司"，那就没有"残余"，三人已经按照第3步把蛋糕分好了。

如果不是这样,那就让贝莎或克莱尔拿走被切削过的那块蛋糕,并将此人称为"非切削者",将两人中的另一人称为"切削者"。由切削者将"残余"分成(她认为相等的)三堆。

[对非切削者而言,亚瑟拥有一种"不可变更的优势"。非切削者拿的是被切削过的蛋糕块,即使她把所有的残余统统拿走,亚瑟还是认为非切削者得到的一份没有超过平均数,因他认为原来所切出的各份统统是公平的。因此,不管残余部分怎样去分,亚瑟不会去嫉妒"非切削者"。]

5. 残余部分的三堆选取的先后顺序是非切削者、亚瑟、切削者(每个人都挑选能得到的最大的一堆,或者并列最大的一堆)。

[首先由非切削者来挑残余物,所以他没有理由嫉妒。亚瑟不会去嫉妒非切削者,因为他的"不可变更的优势";他也没有理由去嫉妒切削者,因为他在切削者之前先拿。切削者不可能嫉妒任何人,因为残余部分是自己分的。]

第 3 章
化方为方

化圆为方问题可以追溯到古希腊,但化方为方问题则要晚得多。你能否用正方形的瓷砖来铺满一个正方形呢?也许你会说,那容易得很,国际象棋棋盘不就是用64个小正方形铺满一个较大正方形的吗?然而,这里要添加一个条件,所有的瓷砖都必须是不同大小的。你将如何解决这个难题呢?自然要应用电路理论了!

你能不能用不同大小的正方形瓷砖来铺满一个正方形？听起来像是不难，只要做些尝试就可以了嘛！然而，可能性实在太多，你无法肯定已把它们全部试过，而且，那么多排列之中只有为数极少的几种真正管用。我们需要更系统的方法。这个问题的最早成果可以追溯到1903年，而真正的答案要到1939年才姗姗来迟。后继的研究工作是在铺砌方法上追加条件，以及将问题推广到正方形以外的其他图形。时至今日，仍有大量悬而未决的问题正有待趣题数学家们去探索。

1903年，德恩（Max Dehn）证明：如果一个矩形能被正方形瓷砖铺满（不管它们的大小是否一样），那么这些瓷砖的大小与矩形的大小必须是可公度的，即都是某一个数的整数倍。换句话说，倘若我们选取一个合适的度量单位，则所有的边长都将是整数。其后，这个定理至少被用12种不同方法证明，所有的证法都相当巧妙，因为它绝对不是一个显然的结论。

如果一个矩形或正方形可以用不同大小的正方形来铺满，我们就称它为"可方化"的。1909年，莫龙（Z. Morón）发现了第一个可方化的

33×32矩形,使用的9个不同正方形的边长分别为1、4、7、8、9、10、14、15、18。他还成功地用10个边长分别为3、5、6、11、17、19、22、23、24、25的正方形来铺满一个65×47的矩形[见图3.1(a)]。

问 题

你能否用9个不同的正方形拼出一个33×32的矩形?

"化方为方"问题在1939年被斯普拉格(R. Sprague)解决,他使用了55个不同大小的正方形。然而,从某种角度看来,问题解决得并不完美:它是**复合的**,其中包含有较小的可方化矩形。不含有可方化的子矩形的铺砌方法才算是**纯的**,然而,满足这种附加性质的可方化正方形找起来却是难上加难。

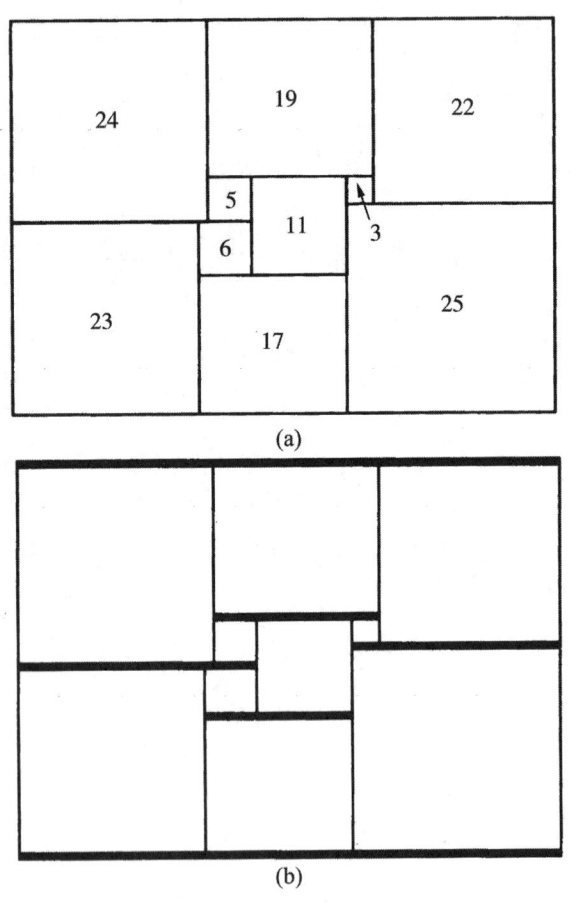

(a)

(b)

(接下页)

44

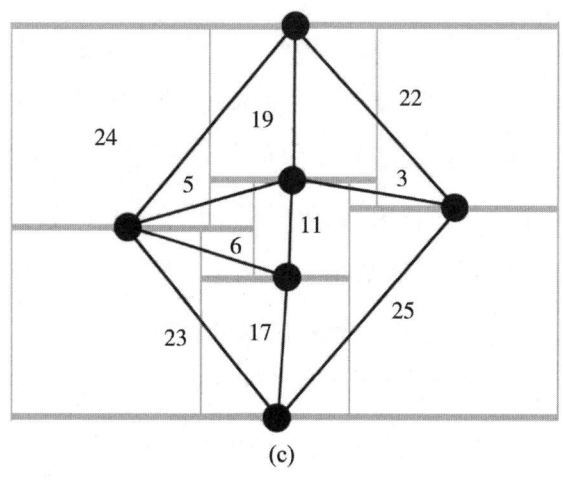

图 3.1

(a) 莫龙用 10 个不同大小的正方形铺满了矩形;(b) 图(a)中的水平线段;(c) 图(a)的史密斯图形:图中每一个节点对应于一条(水平)线段,每一条边对应于一块瓷砖,每条边上的数即为瓷砖的大小,电流方向自上至下

1940 年,布鲁克斯(R. L. Brooks)、史密斯(C. A. B. Smith)、斯通(A. H. Stone)和塔特(W. T. Tutte)发现了第一个纯的可方化的正方形(参见"进阶读物")。他们的方法被马丁·加德纳栩栩如生地写进了他的《幻方与折纸艺术》。他们从任意可方化的矩形开始,将其表示为一个网络,即所谓史密斯图形。在可方化的矩形中,任何一条水平线段对应于网络的一个节点,每一块瓷砖对应于一条边。此边所连的两个节点对应于瓷砖的上、下两条水平线段,而边上的数字即为这块瓷砖的大小。图 3.1(b)显示了莫龙可方化矩形的水平线段,而图 3.1(c)则是它的史密斯图形。

值得注意的是,如果史密斯图形的每条边都被假定为具有单位电阻的导线,而边上所标的数值被认为是流过导线的电流强度(以安培

来计量,方向自上至下),则整个图形将成为严格遵守电机工程中"基尔霍夫定律"的电路图。特别是,流入任一节点的电流量应该等于流出它的电流量。从铺砌图的几何角度来看,以上事实极易推出。例如,不妨看一下位于边长为19的正方形底部的水平线段。流入的电流量是19,而流出的电流量是5+11+3=19。两个数是相等的,因为这条水平线段同时也构成了边长为5、11、3的正方形的顶端。

借助于电路理论中的概念,4位数学家发展出了一套构建与分析可方化矩形的系统方法,最终目标是找到一个纯的可方化正方形。第一个重大突破来自一个出乎意料的方向。布鲁克斯找到了一个含13个正方形的112×75的可方化矩形[见图3.2(a)],他十分高兴,特意为此制作了一副"拼图玩具"来取乐。他的母亲看到之后也过来试一试,她居然拼出来了,可是她的拼法[见图3.2(b)]与布鲁克斯的拼法不一样。4位数学家组成的研究团队以前从未碰到过这种现象——一套正方形瓷砖可以有两种不同方法来铺满同一个矩形。不过,他们倒是曾经盼望过能找到两个同样大小的可方化矩形,且由不一样的正方形来铺砌,因为这样一来,只要再添上两个额外的正方形,就可以得到一个可方化正方形了(见图3.3)。当然,它将是一个"复合的"正方形,但那也是一个开端——要知道,在那个阶段,斯普拉格还没有把他的发现公之于众哩。

布鲁克斯的矩形确实可以用两种不同方法铺满,但由于同一套瓷砖被利用了两次,该矩形当然不能导出可方化正方形。然而,他们还是希望,一旦真正了解了布鲁克斯的矩形何以能用两种方法铺满的原

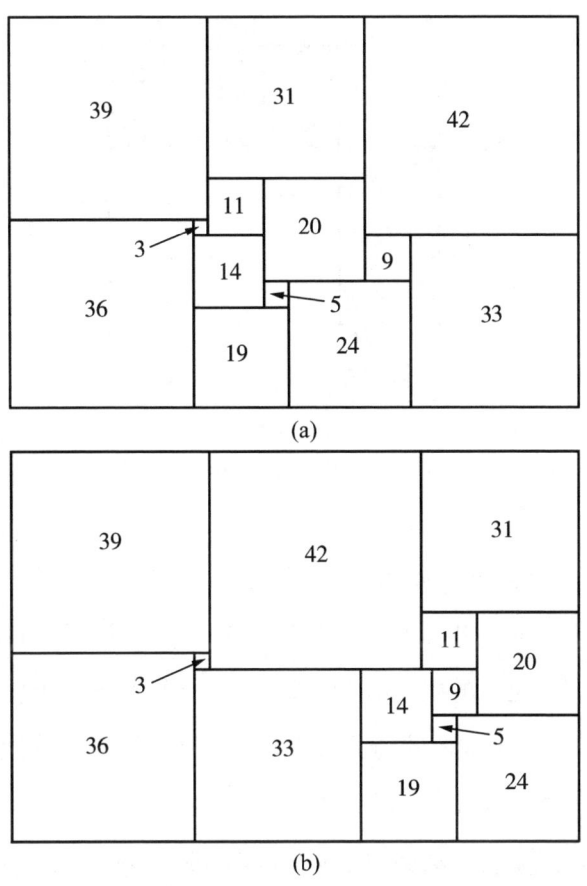

图 3.2

(a) 布鲁克斯的可方化矩形拼图;(b) 他母亲的不同拼法

因,会对问题的解决提供有用的思路。在仔细审视了两种铺砌法的史密斯图形之后,他们意识到,如果他们能够"认同"两个节点(即从概念上认为它们是相同的),那么就很容易从一个史密斯图形推出另一个来。另外,由于在这一特例中,被认同的两点处于同样的电位,即便把图形"短路",线路中的电流也不会受到什么影响。一番努力之后,他

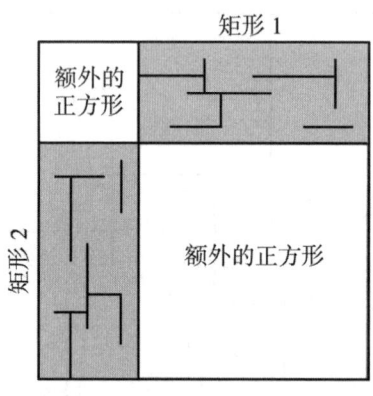

图3.3

怎样从两个可方化矩形(其中不含同样大小的正方形)出发,得出一个可方化正方形

们终于找出了原因——原来,这与史密斯图形的对称性有关。从这一线索出发,他们研究出了调整史密斯图形的其他途径,得出同样大小的可方化矩形,但总的瓷砖数却要少得多。最后,这种方法奏效了,他们得出了含69个正方形的纯的可方化正方形。布鲁克斯继续努力,又使小正方形的数目从69减到了39。

1948年,威尔科克斯(T. H. Willcocks)进一步减少了小正方形的数目,找到了一个含24个正方形的可方化正方形。不过,他拼出来的正方形不是纯的。与此同时,鲍坎普(J. W. Bouwkamp)及其同事们却在从事一项艰巨的分类工程,他们把15个及15个以下的正方形所能铺满的一切矩形都一一列出,其总数竟达3663个之多。1962年,杜维斯汀(A. W. J. Duivestijn)证明,任何纯的可方化正方形至少应含有21个正方形;1978年他果然找出了这样的正方形,并证明它是唯一的一个(见图3.4)。1992年,鲍坎普与杜维斯汀公开发表了用21至25个正方

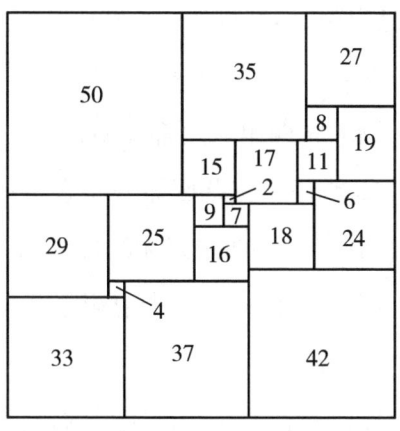

图 3.4　用最少块数拼出的唯一正方形

形所能拼出的 207 种纯的可方化正方形——所有能拼出的都已列举，一个不漏。

虽然以上这些结果相当令人满意地解决了化方为方问题，但依然存在着无数的变体。譬如说，怎样用正方形铺满多米诺骨牌（一边的长度等于另一边两倍的矩形）。当然，这个问题有一个平凡解：从一个可方化的正方形开始，然后在它的旁边贴上另一个大小正好等于前者的正方形就行。那么，有没有其他非平凡的解呢？倘若矩形的一边长度等于另一边的三倍，情况又将如何？

问题的另一种推广是铺满除正方形与矩形外的其他曲面，盖尔（David Gale）在《数学信使》(*The Mathematical Intelligencer*)杂志上撰文论述了这一研究方向（参见"进阶读物"）。拓扑学家们知道，利用矩形的对边（想象把它们粘贴在一起）可以构造出一些有趣的曲面。取一个矩形，把它的两条对边粘贴起来，你将得到一个圆柱体。如果在粘贴之前先将矩形扭过半圈，你将得到一个默比乌斯带。把两组对边都粘贴起来，且不经过扭转，其结果便是一个环面——一个炸面饼圈形状的曲面，但有一个洞。将两组对边都粘贴，其中一组对边在粘贴之前先扭过半圈，你将得到一个克莱因瓶——它是一个著名的单侧曲面，如果不穿越自身，在三维空间中是无法形成的。如果把两组对边都扭过半圈以后再粘贴，你将得到一个射影平面——它也是单侧曲面，但在三维空间中无法描绘。

很明显，用以上任何一种办法粘贴矩形的边，则矩形的铺砌就变成了曲面的铺砌。然而，曲面也可能会产生一些额外的铺砌，因为曲面上的瓷砖块可以穿过被粘贴的边。例如，图3.5显示了由两个正方形(边长分别为1和2)铺砌的一个默比乌斯带。箭头表示要贴在一起的边，其方向则显示了扭曲。尽管在图上看来，有一个正方形被分为两个矩形，但当两边粘贴到一起时，它们就连成一块了。然而，默比乌斯带的这种铺砌法有一个令人不快的性质：小正方形块与它本身有着共同的边界，它的顶部与底部贴在一起了，因而它本身就是一个默比乌斯带，而不是一个正方形。1993年，查普曼(S. J. Chapman)找到了一个没有这种缺点的、用5个正方形铺砌的默比乌斯带(见图3.6)。少于5个正方形的这样的铺砌是不存在的。

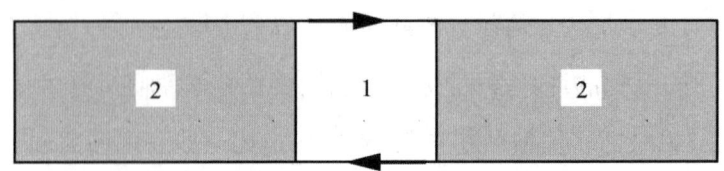

图3.5 用两个正方形拼出默比乌斯带

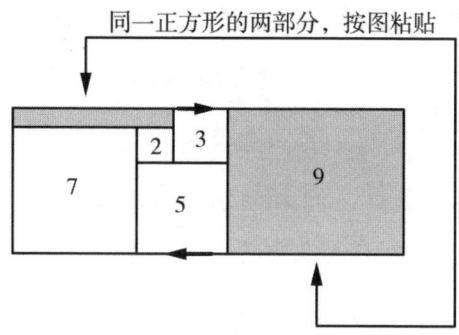

同一正方形的两部分，按图粘贴

图3.6 用自身不相交的正方形拼出默比乌斯带

圆柱体可用正方形铺砌，但至少需要9个——同矩形正好一样。只要把莫龙的矩形拿过来，将适当的边粘贴在一起，就可以得到平凡解。至于非平凡解，用9个正方形也存在两种铺砌。这些正方形同莫龙矩形所用的正方形一样大小，但其配置不同（见图3.7）。

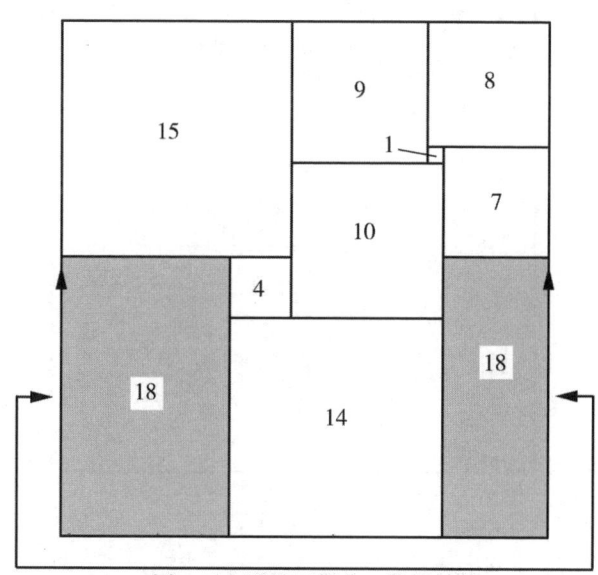

同一正方形的两部分，按图粘贴

图3.7 圆柱体的正方形铺砌（非平凡解）

就圆柱体与默比乌斯带而言,正方形块的边必须同曲面的边平行。然而,环面、克莱因瓶与射影平面根本不存在"边",所以可随心所欲地把正方形块置放成某个角度。事实上,这样做了之后,环面可以只用两个正方形进行铺砌(见图3.8),前提是我们允许同一个正方形的两边都相遇。(顺便说一下,此图中还隐藏着一个毕达哥拉斯定理的证法,你能看出来吗?)

关于克莱因瓶的铺砌,人们所知似乎不多。可以把默比乌斯带的任何一种铺砌沿着它的边(只有一条边)粘贴起来,从而得出克莱因瓶的一种铺砌。当正方形块在6个或6个以下时,没有其他办法可以进行克莱因瓶的铺砌。当正方形块为7个或8个时,没有人知道这是否

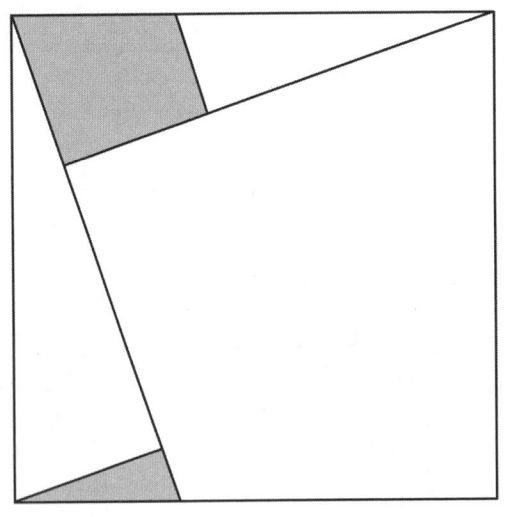

图3.8
只用两个正方形铺砌出环面,图中还隐藏着一个毕达哥拉斯定理的证法(提示:请观察那个直角三角形,它的斜边是图中左面的边)

仍然成立,但9个的情况肯定不成立。

对射影平面的铺砌,人们几乎一无所知。那么,立方体之类的表面又能怎样铺砌呢？在整个领域中,悬而未决的问题还多着呢!

答　案

9个正方形拼出一个33×32的矩形,如下图所示。

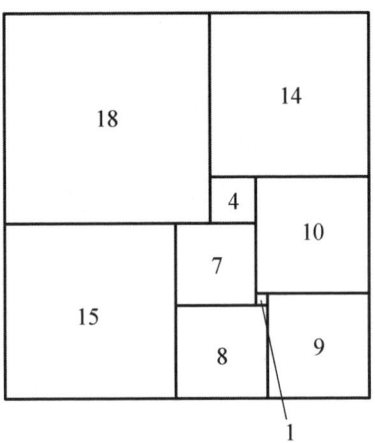

图3.9　用大小不一样的正方形铺满了矩形

第 4 章
风箱猜想

表面为三角形的多面体能否屈伸？与传统看法相反，事实表明，它们之中确有一些是可以做得到的。现已证明，如果多面体可以屈伸，则其体积不变。其原因应当归于一个被经典数学家忽视的重要公式。那么，六角形手风琴又是怎样工作的呢？

打算做一个书架的任何一位业余木匠都知道,矩形不是刚性的。如果你推矩形的一角,它就会向旁边倾斜,形成一个平行四边形[见图4.1(a)],倘若你不断地推下去,矩形就极有可能彻底垮掉。然而,三角形却与之不同,它是刚性的:如果不改变它的边长,它就不会变形。欧几里得知道这个道理,得出了这样的结论:"如果两个三角形的边长对应相等,则两个三角形全等(有着同样的形状)。"事实上,三角形是平面上唯一的刚性多边形。任何其他多边形都需要依靠某种方式的支撑。譬如说,可以添加交叉支撑将多边形分解成一些三角形[见图4.1(b)],或者由三组本身为刚性的图形组合而成[见图4.1(c)]。

把你的书架做成刚性的另一种办法是在它的背后钉上一块木板。这就把问题导入到三维空间,每样东西都将变得极为有趣,且充斥着种种惊奇。近200年来,数学家们对刚性问题感到迷惑不解,对多面体(拥有有限个表面的构件,相交于各条棱的两侧都是多边形)尤为关切。直到最近,一般都认为有着三角形表面的任一多面体必然都是刚性的——然而,事实表明这种看法是不对的。确实存在着"可屈伸"的多面体,尽管其表面毫无变形或弯曲——请让我稍微岔开说几句,然

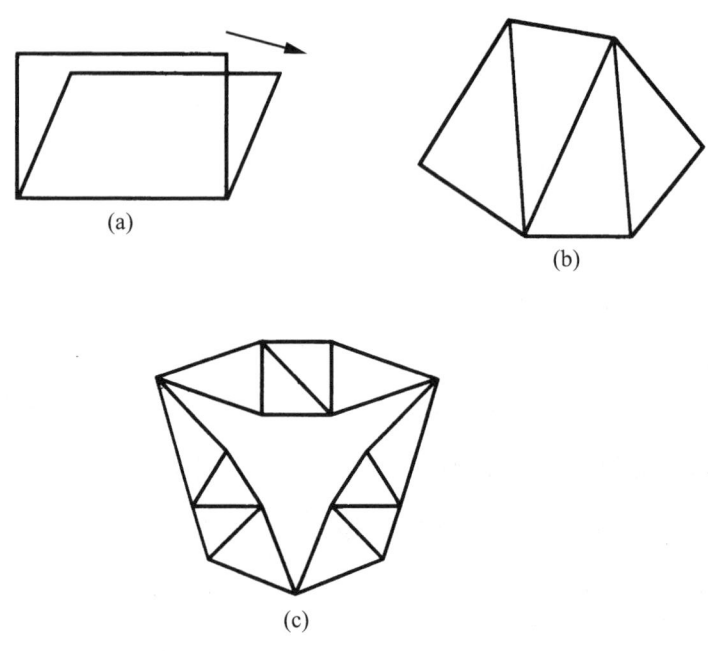

图4.1
(a) 弯折矩形改变了它的面积;(b) 交叉支撑可使多边形变成刚性的;(c) 某些刚性的形状不一定要由三角形构成

后再回到这个问题上来。

最近的成果来自康奈利(Robert Connelly,美国康奈尔大学)、萨比托夫(Idzhad Sabitov,俄罗斯莫斯科州立大学)和沃尔兹(Anke Walz,美国康奈尔大学),他们发现可屈伸的多面体不能改变它们的体积。造不出一个可屈伸的多面体"风箱",当它的内部体积缩小时可以把空气从风箱的孔中吹出来。(关于六角形手风琴的问题请看下文。)要证明这一问题,需要这些学者去发现多面体的某些出乎意料的性质,在未来的研究中,这些性质看来也十分重要。

在开始讲数学内容之前,我想还是应该先把一件事情说说清楚。任何一个玩过折纸游戏的人都知道,有可能折出拍动翅膀的小鸟、伸腿的青蛙,如此等等。这些东西算不算可屈伸的多面体呢?答案是"非也",理由有两个。一个理由是这种折纸形状有着伸出来的边,不能视为多面体。另一个更重要的理由是,当纸青蛙伸腿时,纸稍稍有些弯曲。六角形手风琴的情况有点类似,第一眼看上去,它好像是只多面体风箱,但它之所以能工作是由于存在略微的弯曲(甚至可以说是略微的扩张)。从现在开始,不允许有丝毫弯曲,甚至一微米的一万亿分之一也不允许。在多面体屈伸时,唯一可以变化的是相交平面的二面角。不妨设想面与面之间是沿着它们的边装上铰链的,多面体是沿着铰链弯曲的,余下的所有东西都是毫不含糊的刚性材料。

整个领域的事情可以追溯到1813年,其时法国大数学家柯西(Augustin Louis Cauchy)证明了没有凹陷的凸多面体不可以屈伸。然而,如果存在凹陷情况又将如何呢?历史上第一个可屈伸的非凸多面体是由布里卡德(Raoul Bricard)发现的,他是一位法国工程师,不过在他的例子里,面与面之间允许互相穿透,并能通过对方。而这对于现实的物体来说,当然是根本不可能的。但如果我们除掉各面,用刚性的杆来取代各边,制成一个联动装置,那么,布里卡德的例子就可以实现了。另外,布里卡德也发明了由简单多面体组合而成的多面体链,它们以边相连,可以屈伸。根据保尔(W. W. Rouse Ball)的名著《数学娱乐与随笔》(*Mathematical Recreations and Essays*,参见"进阶读物"),最简单的这样的连环是由安德列斯(J. M. Andreas)与斯托尔克(R. M.

Stalker)发明的。它们是由6个或更多个(个数必须为偶数)正四面体组成的连环,沿着相对的边铰接在一起(见图4.2)。当有6个正四面体时,运动量很小,但当有8个或8个以上正四面体时,连环就能够不停转动,就像是烟圈一样。正四面体个数超过22时,这种连环甚至还可以打结!不过,这种形状已经不是真正的多面体了,因为沿着某些棱边相交的平面往往不止两个。

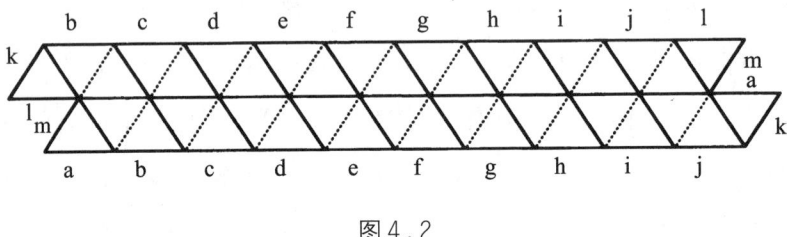

图4.2

由10个正四面体组成的连环,把图上的实线折成山脊,虚线折成山谷,并将标注同样字母的小块连起来

本课题一度沉寂,直到1970年代才又真正活跃了起来,当时康奈利改进了布里卡德的自身穿透的可屈伸多面体,使之仍然可屈伸,但却不再自身穿透。几年之后,该结构又被斯蒂芬(Klaus Steffen,杜塞尔多夫大学)加以简化,从而得到了一个有9个顶点、14个三角形表面的可屈伸多面体(见图4.3)。用薄卡纸把它做成模型,看看它怎样屈伸,将是一件极为有趣的事情。目前人们认为它是可以做出来的最简单的可屈伸多面体,但要想证明这个论断却是极其困难的。

研究这些可屈伸多面体的数学家们很快就注意到,当它们屈伸时,有些部分靠得更近了,另一些部分却离得更远了。至少从定性的

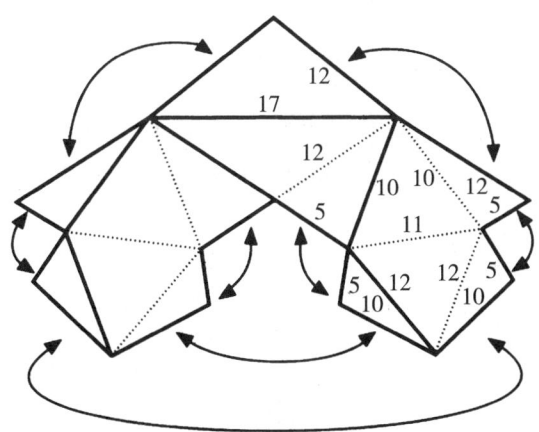

图4.3 斯蒂芬的可屈伸多面体,把图上的实线折成山脊,虚线折成山谷

角度来看,在运动过程中,总的体积似乎是不变的。沙利文(Dennis Sullivan,纽约城市大学)用烟雾充满了一个可屈伸的多面体,把它恣意屈伸后,没有发现有烟雾从里面喷出来。这个实验尽管略显粗糙,却很巧妙地说明了其体积是保持不变的,当然这不能算作证明。于是就诞生了所谓的"风箱猜想"。该猜想认为可屈伸的多面体在屈伸时其体积恒定不变——换言之,多面体风箱是不可能做出来的。

风箱猜想的第一个有趣性质是:它的平面类比不成立。一个可屈伸的多边形,例如矩形,当它垮塌下来成为平行四边形时,其面积将会变小。很明显,在三维空间中一定存在着什么与众不同的东西致使多面体风箱不可能实现。但它究竟是什么呢?康奈利的团队把注意力集中在一个著名的三角形面积公式上,人们认为它出自阿基米德,但通常以亚历山大城的海伦命名,后者曾写下公式的一个证明。海伦是一位希腊数学家,一般认为他生活于公元前100年到公元100年之间

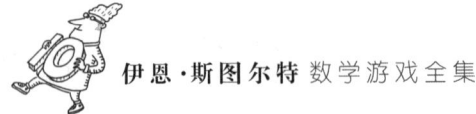

的某个时间段,他在其著作《屈光》(*Dioptra*)与《测量》(*Metrica*)里叙述与证明了这一公式。下面展示了该公式,但这里只有一般性质而略去了烦琐的细节叙述。只要利用初等代数,就不难将它重新排列,从而导出一个方程,把三角形的面积表示为三条边长的函数。另外,这个方程是个多项式,它的各项都是变量的整数次方幂再乘上固定的系数。

海伦公式

设三角形的各边长为 a,b,c,面积为 x,半周长为 s,则有

$$s=\frac{1}{2}(a+b+c),$$

$$x=\sqrt{s(s-a)(s-b)(s-c)}。$$

将方程两边平方,整理后,其结果将是

$$16x^2+a^4+b^4+c^4-2a^2b^2-2a^2c^2-2b^2c^2=0。$$

这是一个多项式方程,表示了面积 x 与三边 a,b,c 之间的关系。

萨比托夫忽然产生了一个奇怪的念头(初看起来似乎是不合情理的):对任何一个多面体,也许存在着一个类似的多项式方程,将多面体的体积与各边的长度联系起来。这样的多项式肯定将是一个非凡的发现,因为直到那时为止,没有人认为那样的关系可能存在。确实存在一些众所周知的特殊公式——像简单的立方体与长方体体积公式,以

及有点像海伦公式的四面体(有着4个三角形表面的立体,在三角形底面上竖立起规则的或不规则的锥形物)体积公式,但后者要复杂一些。然而,不存在一个通用的、可以应用于任何多面体的体积公式。

是不是往昔年代的大数学家心头从未有过这种奇妙的念头呢?看来似乎不大可能。

然而,假设这种公式真的存在,那么风箱猜想就只是它的一个简单推论了。原因很好理解。因为公式把体积表示为边长的函数,而在把多面体屈伸时,其边长是不会改变的,所以体积公式不会改变。既然如此,它的解(也就是体积)当然也是老样子,一点不会变。

实际上,有一个技术上的细节需要注意。一个多项式方程可能有**几个**不同解,因而原则上说体积可以从一个解突然跳到另一个不同解。然而,如果多面体屈伸是逐渐进行的,那么体积的改变也肯定是**逐渐**的,因而,无论如何,体积的变化不可能是跳跃式的。证明完毕。

当我第一次写下这些内容时,有些读者不客气地对我讲,这里面一定有错。譬如说,如果你造一栋有屋顶的火柴盒式房子,这时如果让屋顶向下,则所有各边都和以前一样长,但体积却肯定会减小(见图4.4)。说得确实没错,但它却推翻不了我的论证。原因如下。首先,同样的长度可能对应于几个不同的多面体(就像他们在这里所做的),因为正如已指出的那样,一个多项式方程一般有几个解。解的个数必定是有限的,但多项式的次数越高,解就会越多。其次,你不可能在表面不弯曲变形的前提下通过连续变形的方式把正常房子转变为屋顶向下的房子。反对意见被驳回了。

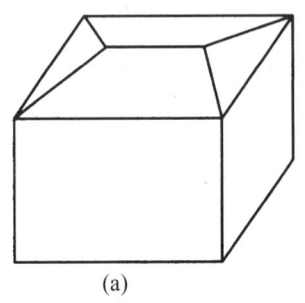 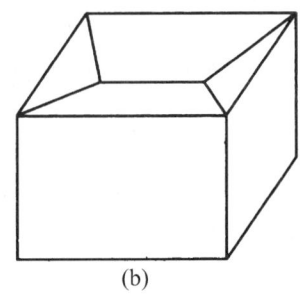

图4.4
（a）有屋顶的房子；（b）屋顶向下的房子，所有的边都等长，但体积不一样了

不管怎样，倘若我们能找到一个用其各边长表示多面体体积的多项式方程，那么问题就可以解决了。有一个很明显的着力点可用以起步：四面体（最简单的多面体）体积的经典公式。恰如任意多边形可以分割成许多三角形那样，任意多面体也可以分割成许多四面体。于是多面体的体积就等于那些四面体分块之和。不过，这种做法本身却解决不了问题。应用公式时必须考虑四面体分块的所有边长，然而它们中有许多并不是原多面体的棱。实际上，它们是各种"对角线"，从多面体的某一个角穿越到另一个角，其长度很可能随着多面体的翻折而改变。因此，公式必须用代数方法进行修改，以除去那些不需要的边，并把所有的四面体分块的方程式联合起来，组成一个统一的、汇总的大方程。

当然，这是一件极其繁难的工作。对于有着8个三角形表面的八面体，事实表明，这样的修改是可行的，但整理出来的方程中竟然包含了体积的16次方。更复杂的多面体肯定还需要更高次的方幂。尽管如此，八面体仍不失为一个很好的起步。1996年，萨比托夫终于写出一个明确但复杂得要命的程序来寻找合适的方程。1997年，康奈利、萨比托夫与沃尔兹的研究团队发现了一个极为简单的途径，可得出同样的结果。

迄今为止，人们还未能充分了解这种方程为什么能够存在。在二维空间，除了刚体三角形与海伦公式之外，这种方程是不存在的。而在三维空间，我们现在已经知晓它们是确实存在的。康奈利与沃尔兹认为，他们已经知道怎样去证明四维空间的风箱猜想。对五维以上的空间来说，该问题依然悬而未决。利用几张硬纸板和一些烟雾所做的简陋实验，居然能促成一个重大的、全然出人意料的基本数学发现，这是多么激动人心的事啊！而世上确实存在着一些十分简单的道理，本可以被往昔时代的大数学家们发现，然而他们却失之交臂了。

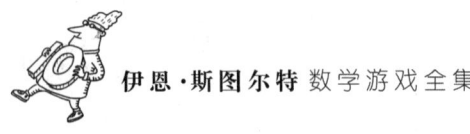

附 图

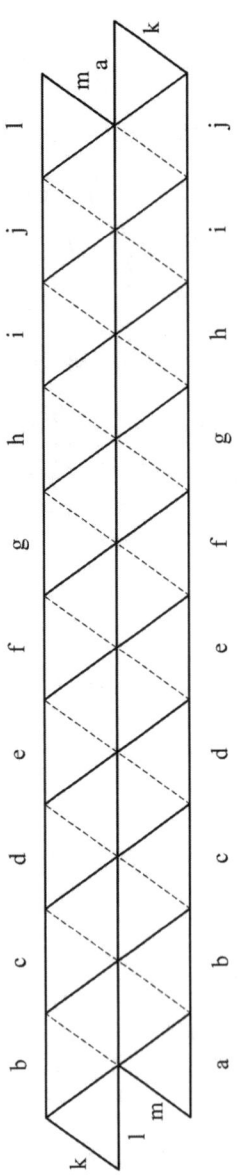

你可以把附图复制在薄卡纸上,然后剪下来,试着搭一个10个正面体组成的连环。

附　图

你可以把附图复制在薄卡纸上，然后剪下来，试着搭一个可屈伸的多面体。

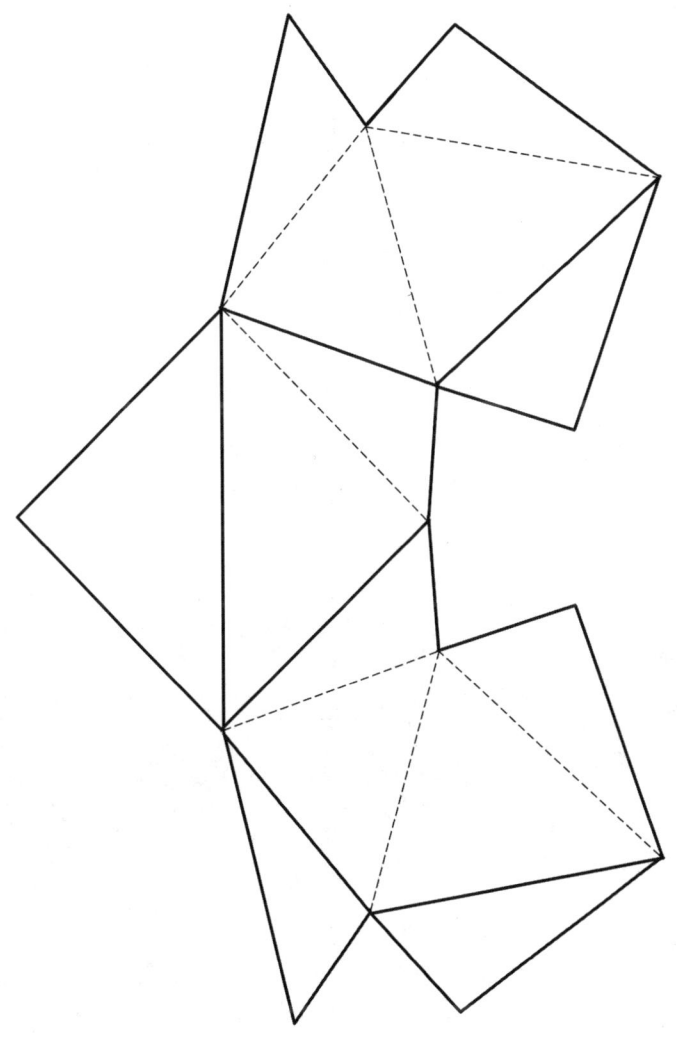

第 5 章
宗旨明确地建造金字塔

建造一座金字塔需要多少人？总要比换一只电灯泡多得多吧——尽管一个人也能干这个活，前提是他能活得足够长。投入100万人，且他们之间互不推诿、扯皮，将会使这项工程的进展快得多。正确的答案一定介乎两者之间，但粗略地说，大概需要多少人？罗马历史学家希罗多德（Herodotus）认为，大金字塔的建造使用了10万名奴隶。然而，考古发掘表明，建造金字塔的工人并不是奴隶。数学研究又告诉我们，10万这个数字过于庞大了。这个问题完全是一个能量问题。

古埃及的金字塔跻身于最不可思议的考古学奇迹之列。有几座金字塔巨大无比。位于吉萨的胡夫"大金字塔",建造年代大约是公元前2500年,原有体积超过250万立方米,质量达700万吨。金字塔是由一些巨大石块建成的,这些石块来自采石场,被切割加工成相当规则的形状后再被运输到建筑工地,然后以令人惊讶的准确度一块又一块地堆积到顶。

古埃及人是怎样将这些庞然大物弄在一起的?为什么要造这些东西?他们是怎样建造的?在很大程度上,我们仍浑然不知,尽管我们已经知道许多金字塔被用作法老的坟墓,而关于金字塔的建造方法也已有了五花八门的理论。应当感谢丹佛市自然历史博物馆的威尔(Stuart Kirkland Wier)所做的某些机智的数学侦查工作(参见"进阶读物"),我们如今对这支建造大军的规模总算有了一个相当合理的认识。

在这些金字塔造好以后的两千年左右,罗马历史学家希罗多德宣称,建造大金字塔需要10万人。不过,希罗多德的资料并不可靠,现在看来,他把这支劳动大军的人数高估了一个数量级。按照威尔的说法,真实的人数大致为10 000——出人意料的小。在我们对金字塔的

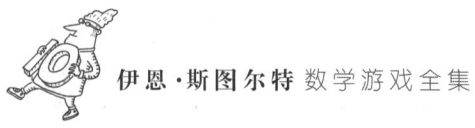

造法并无多少明确概念之时,我们何以确定劳动力的数量呢?我们可以先就埃及人干活的情况作一些合情合理的假设,并设想这些人并不全是不熟练的工人,然后可以根据几条简单数学原理来估算劳动力的数量。

为了明确起见,威尔以胡夫大金字塔作为研究对象,而同样的方法也可以应用于其他金字塔,并可获得大致相似的结果。威尔的主要着眼点是算出一座金字塔所含的"能量"。这里的所谓"能量",指的是"势能",也就是把一定质量的物体提升到给定高度时克服重力所作的功。如果我们将金字塔的势能除以建造所需的天数,我们就可以算出抬升这些石块所需的每日平均能量。现在我们需要做的,就是对一个普通埃及建筑工人每天所能提供的能量作出估计,从而能够得出这些劳动力的大致数量,只要把每日平均能量除以每人每天所能提供的能量就行了。

这样的计算要想站得住脚,需要作出一些假设。该计算忽略了其他一切耗能活动,如运输物料、切割石块、建造机械工具,甚至向劳动力供应伙食都不考虑。因此,算出来的劳动力数量只是一个下限,而不是上限。而且,即便我们已经知道了这支劳动大军的平均人数,我们仍然无法肯定实际人数是怎样围绕这个平均数上下摆动的。为了改进估计,我们必须确定其他重要能耗的近似值,考虑实际能量使用的效率,还应该搞清楚建造工程可能采取的模式。负责建造金字塔的人是不是雇用了人数固定的工人?还是根据工程进度的需要招募一批临时工,不需要时又将他们辞退?以上这些问题,现存的历史记录都没有向我们透露,但只要假定古埃及人是心智健全、通情达理的人,我们还是可以推断出不少信息,而不是毫无根据地一味臆测。

最大的不确定性在于时间。建造胡夫大金字塔究竟用了多少年呢?胡夫法老在位23年。建造他的金字塔,不大可能在他统治之前很久就开始,而工程的结束时间,多半是在他死前或死后不久。另一方面,负责建造金字塔的人自然无法确定胡夫法老何时会一命归西。因而,我们不妨做一个大概的估计,干脆简单地假设胡夫大金字塔是用23年建成的,建造时间与其在位时间一样长。23年相当于8400天,自然还得假设建造工程一年到头都不停歇。不过,实际花费的时间也许只有它的一半,也许要翻一个倍。由于这一基本的时间数据的不确定性,斤斤计较于其他有关数据的估算是毫无意义的。

相当数量的、与建造金字塔技术有关的数据可以从古代文字记载及金字塔周围的地理环境推测出来(见图5.1)。金字塔是由石块建成的,这些石块来自附近的采石场,其所在位置有的仍有遗迹可寻。唯一的动力来源是人的体力(没有水力等可以利用),辅以原始而有效的工具,例如杠杆等。总的看来,金字塔是自下而上,一层层地建造起来的——这肯定没错,因为没有一块巨石可以在它下面的石块尚未安顿好的情况下就位。水平方向的石块搬运全靠工人们拉动木滑橇(埃及雕塑表明,当时已发明了这种工具)。无人知晓垂直搬运是怎样进行的。有人提出了各式各样的设想,其中包括利用大型土坡、巧妙配置杠杆,以及建造成批的木质支架等等。

胡夫大金字塔落成时,高度约为146.7米,底面是一个边长为230.4

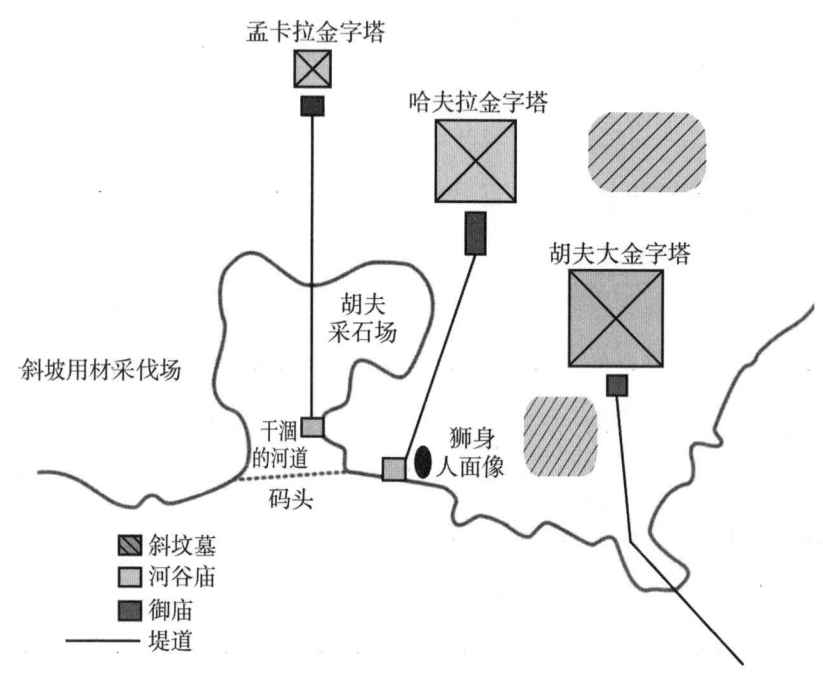

图5.1 胡夫大金字塔及其周边地区略图

米的正方形。我们知道,高度为 h、底面是边长为 s 的正方形的棱锥体积公式是 $\frac{1}{3}s^2h$,把上述数据代入之后,可以算出其体积为 2.59×10^6 立方米。建筑材料是石灰石,其密度 $d=2.7\times10^3$ 千克/米³,从而可得出其质量为 7.01×10^9 千克。棱锥的势能(这是微积分教材中一道有趣的习题)为 $\frac{1}{12}gds^2h^2$,这里的 g 是重力加速度,其值约为 9.81 米/秒²。将各项数据代入后,不难算出其值为 2.52×10^{12} 焦,这里的焦是一个能量单位。

根据1917年出版的《工程师手册》(*The Engineer's Manual*),每人每

天所能提供的有用功的平均值大约是 $2.4×10^5$ 焦。从而不难算出提升这些石块所需的劳动力数量为（假定这些人的工作效率为百分之百）：

$$\frac{2.52 \times 10^{12}}{8400 \times 2.4 \times 10^5} \approx 1253。$$

不过,这样的估计所得出来的人数实在是太少了,因为实际上工作效率从来就达不到百分之百,那不过是远景规划上的努力目标。工作效率绝达不到你想象中的那样高。

为了得出更切合实际的估计,需要好好考虑后勤问题。金字塔并非只是毫无特色的巨石堆：它们有着通道和房间,其中颇有一些本身就称得上是杰作的东西。然而,就整体而言,占压倒优势的工作仍然是堆叠那些石块,因而,我们可以忽略那些结构方面的细节。把金字塔的体积除以建造它的时间,结果表明,平均每天必须把310立方米的石块安放到位。当石块的高度递增时,所需的能量也随之递增；另外,在金字塔造得越来越高时,顶部的工作空间将变得越来越小。这些因素加在一起,足以说明始终保持每天310立方米的施工速度是不现实的。实际情况应是,在金字塔高度较低时,石块的放置速度较快,随着金字塔建造得越来越高,速度会迅速减慢。

威尔着重探讨了有代表性的三种建造金字塔的工程进度：

（A）严格按照施工要求,工人在安装每一立方米石块时,活动面积不得低于10平方米,从而将施工进度保持在一个固定不变的水平上；

（B）金字塔的建造速度随着其施工部分高度的递增而线性递减；

（C）金字塔的建造速度先是缓慢减小,然后迅速减小,最后再次缓慢减小。

这些工程进度并不是为了模拟当年埃及人实际的所作所为而提出，它们只是代表了各种施工可能性，以便作为下面分析的导引。

假定无论实施哪一种工程进度都需要8400天才能完工，图5.2表明了建造速度是如何随着金字塔的高度而变化的；图5.3则表明了建造速度随时间变化的状况。例如，工程进度(A)需要每天安置315立方米的石块，这一进度必须维持8110天，此后由于金字塔顶部的活动空间极其局促，从而建造速度急剧减小。

一旦知道了建造速度，所需要的劳动力就可以估计出来。作为例子，我们来看工程进度(B)。这里，建造速度始于每天462立方米，其时

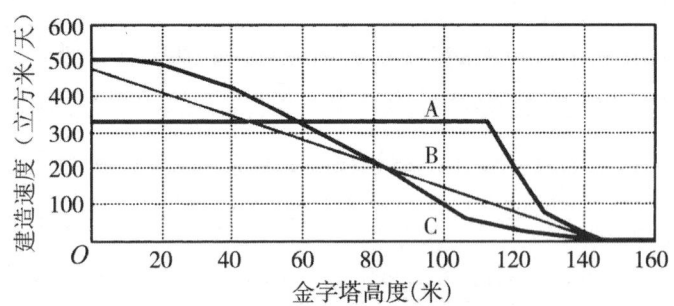

图5.2 三种有代表性的工程进度中，建造速度随高度而变化的状况

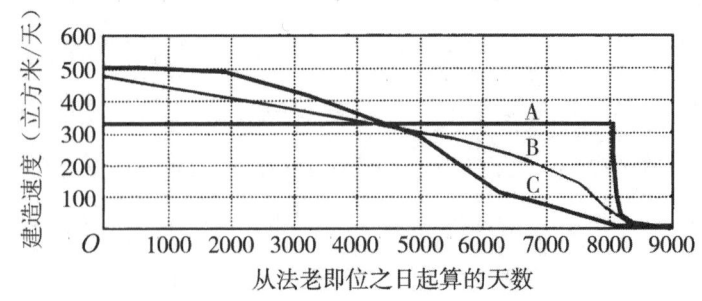

图5.3 三种有代表性的工程进度中，建造速度随时间而变化的状况

金字塔的高度为0米,当金字塔的高度每增加10米,建造速度大致每天减少31立方米。一种相当有用的数学技巧是把石块的运动分解为两部分:垂直运动(抬升)与水平运动(拖曳)。我们并不是假定这两部分是真正分别出现的——譬如说,当石块被工人拖上斜坡时,这两部分都将同时改变。这种假设只是为了便于计算两者分别的影响。

垂直运动的部分不仅是将石块抬升到金字塔上,还应包括把它们从采石场底部抬升到金字塔底部的高度——已知这段距离为19米。搬运石块所需的劳动力数量可以从需要消耗的势能算出,再乘上一个无效作功的附加因子。水平运动部分则应包括把石块从采石场拖到金字塔旁(这段距离约为635米,或略少一些),还得加上把石块放置到塔上所需的水平运动。为了计算拖曳石块所需的劳动力数量,我们必须估计木滑橇与沙地之间的摩擦力,算出克服摩擦力所作的功。不能无视这部分能耗。

其他工作也需要劳动力——采掘石块,把它们切割成型,制造木滑橇等等,都得有人去做。威尔假定,所有这些工作加在一起,大概相当于每天每立方米石块用5至10人。就工程进度(B)而言,计算结果已揭示于图5.4之中。图中所采取的标准是估计数的上限,即每天10人。由图5.4可以看出,在工程的任何阶段,劳动力数量都不会超过12 800——略低于当时埃及总劳动力数量的1%。至于工程进度(A)与工程进度(C),得出的结果也非常接近,这表明任何一种合理的施工计划所需的劳动力大体上就是这样的规模。

最简单的施工计划或许就是雇用固定数量的劳动力,除非到了接

高度	抬升	拖曳	其他	总计
145	15	5	21	41
140	215	85	321	621
130	860	370	1360	2590
120	1290	590	2120	4000
110	1640	810	2850	5300
100	1930	1030	3540	6500
90	2150	1250	4190	7590
80	2290	1470	4830	8590
70	2370	1690	5400	9460
60	2380	1910	6010	10300
50	2320	2130	6450	10900
40	2190	2350	6960	11500
30	1990	2570	7440	12000
20	1716	2794	7890	12400
10	1380	3010	8210	12600
0	970	3230	8600	12800

图5.4 根据工程进度(B)估计的所需劳动力数量

近收尾阶段，金字塔顶部只能有寥寥数十人工作，因为没有其他人的立足之地了。计算表明，按照这一假设，10 600人足以建造胡夫大金字塔。将类似假设应用于其他金字塔，计算结果见图5.5。尽管金字塔这种庞然大物尺寸如此的吓人，看来建造它所需的劳动力还是不成问题的。

埃及人到底用什么办法把如此之多的石块抬升到位呢？一个常见的说法是他们利用了沙泥筑成的巨大斜坡，完工后又搬掉了。他们确曾利用过较小的斜坡来完成各种不同的建筑，但他们似乎不大可能使用高度与金字塔顶差不多的巨大斜坡。因为建造斜坡需要消耗巨大能量(粗略地说，简直同建成一座完好的金字塔相差无几)，随后又必须把它搬走。另一个同斜坡有关的问题是，工人们不光是要克服重力把石块搬上去，他们在上坡时还必须把**他们自己**也抬升上去。除非

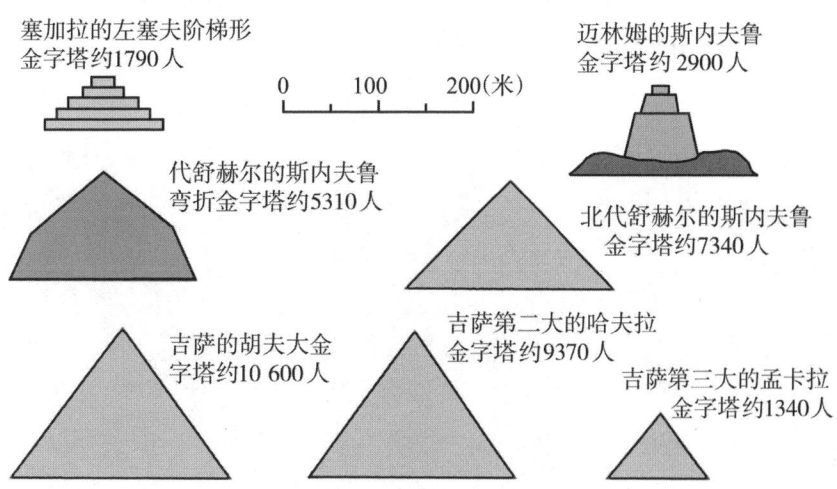

图5.5 一些残存金字塔的所需劳动力数量估计

他们用绳索牵引,但当斜坡又长又大时,上坡也非易事。

一个较好的办法是尽量减少工人的移动。数年以前,长期醉心于研究古代技术的英国人摩尔(Alan Moore)告诉我一个简单而有效的好办法。他的思路是利用一系列随金字塔的表面逐步上升的杠杆。被绳索固定成"包袋"的石块可以从一组杠杆移动到另一组杠杆,每次往上抬升一步。操作杠杆的工人不需要爬上爬下,除非他们换班。杠杆把一块巨石抬升上去之后,马上就准备抬升下一块。建造这些杠杆当然要耗费劳动力,但此后就可以一劳永逸。比起其他工作来,这项工作所耗费的劳动力可以说是微乎其微,而且杠杆还有一个重要优点,就是它需要的工作空间极为有限。

也许我们永远不知道当时的埃及人究竟是怎样工作的,但探讨一下实用的方法与他们所耗费的劳动力对我们仍然很有启发。正如威尔所指出的,这归功于几条简单而普遍适用的数学原理,其中的某些结论是与所用方法没有多大关系的。

第 6 章
做个点格棋大师

在孩提时代,大家都玩过点格棋游戏。先画出一些排列成矩形的格点,然后两人轮流把相邻的格点连起来。如果你围出了一个正方形的盒子,就在上面写上你姓氏的第一个字母,它属于你了。你必须继续下去,直到没有围成盒子为止。谁得到的盒子较多,他就赢了。简单不简单?规则确实简单,但其牵涉的策略极不简单。点格棋游戏是人们发明的最复杂无比的游戏之一。只有为数极少的人够得上第1级(初级)水平,甚至意识到存在第1级水平策略的人也不多。

点格棋与海盗困境

　　看来似乎最简单的游戏中也往往暗藏着难以捉摸的数学奥妙,它们不停地让我感到惊愕。甚至在孩子们玩的游戏中也能产生需要高深数学才能解决的问题。伯利坎普(Elwyn Berlekamp)的《点格棋游戏》(*The Dots and Boxes Game*,参见"进阶读物")一书把这种特别思路提升到了一个新的高度。几乎每个人在上小学的年纪都玩过这个游戏,但在读过他的书后,我真的怀疑在100万人中有没有一个人能够玩出接近于最高标准的水平,甚至只有为数极少的人才知道本游戏存在着第1级(初级)水平的策略。伯利坎普在其著作中揭示了许多较深层的策略,但依然存在未探究过的更深层次的策略。

　　现在让我们来重温一下游戏规则。从排列成矩形的格点开始,两位玩家轮流地画出线段,将水平或垂直(但不能是对角)方向的相邻两点连起来。如果有一位玩家围出了一个盒子的四条边(所谓一个盒子,就是边长为1个单位的正方形),那么就在盒子里写上自己姓氏的第一个字母,并且继续下去(只要他们继续围出盒子,就必须继续下去)。在游戏结束时,谁拥有的盒子较多,他便是赢家。

　　让我们将两位玩家称为阿尔弗雷德与贝蒂,并按惯例规定阿尔弗雷德永远先走。图6.1显示了一种典型的儿童玩法（绝大多数成年人也是如此），我把它称为第0级水平的玩法。只要有可能，玩家们总是尽量不把任何盒子让给对方，因此他们在画线时力求避免成为任何潜在盒子的第三边。这样做的结果是，格点网络逐渐被分成一系列"链条"。这些蛇形区域由线段界定，当一位玩家开始拥有链条端的一个盒子时，他将持续不断地攫取盒子，直至整根链条全部用光。链条也可以封闭起来，形成环圈。

在某些时刻，整个格点网络被完全分割为几根链条——我把这种

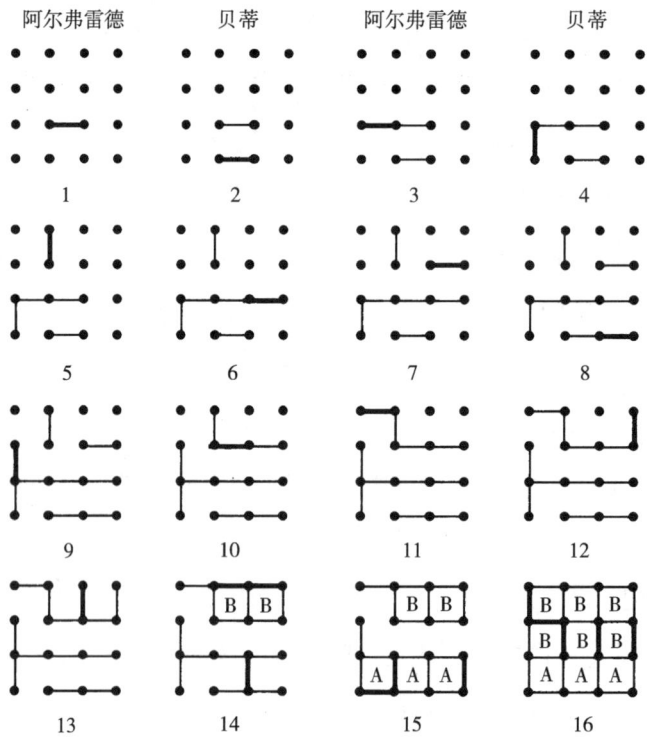

图6.1 一局典型的儿童玩法

状态称为**僵局**。在图6.1中,这种状态是由贝蒂走到第12步时产生的。一旦产生僵局,玩家们通常采取的策略是把下一条线画到最短的链条中,从而把为数最少的盒子让给对方。用完这根链条之后,对手又在下一根最短链条中画线,游戏就这样继续进行下去。

在上面所举的例子中,僵局状态下有3根链条,其潜在的盒子数分别为2、4、3。在第0级水平的玩法中,阿尔弗雷德最后被迫把长度为2的链条让给贝蒂,随后贝蒂会把长度为3的链条让给阿尔弗雷德,而阿尔弗雷德又不得不把长度为4的链条让给贝蒂。贝蒂将以6个盒子的成绩打败阿尔弗雷德的3个盒子。

第1级水平的玩法比第0级大有改进,方法是记录下到达僵局状态时的胜利者,并选择合适的走法以确保是你而不是你的对手取得获胜的那个状态。就第0级水平的玩法而言,胜负取决于僵局状态下链条数的奇偶性(奇数或偶数),以及是哪位玩家把第一根链条中的盒子让给其对手。让我们以"打开"一根链条来表示把这根链条中的盒子送给对手,而不是自己去赢得它们。

如果在僵局状态下链条数为偶数,则打开第一根链条的一方将是赢家,这是因为其对手所赢得的每一根链条都将被他自己的下一步行动造成的损失所抵消或击败。请注意,在这种情况下,打开第一根链条的一方将是走最后一步的人。反之,如果链条数为奇数,则打开第一根链条的一方将是输家,因为其对手将赢得第一根链条,而此人在其后所得的每一根链条都将被对手获得的再下一根链条所抵消或击败。在这种情况下,走最后一步的应该是对方。

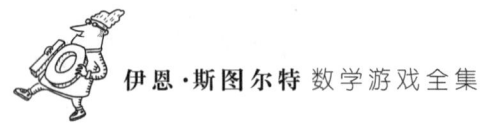

在我们所举的例子中,僵局状态下共有3根链条(奇数),而达到僵局状态需要走12步(偶数)。阿尔弗雷德被迫先打开第一根链条,从而贝蒂赢得了第一与第三根链条,阿尔弗雷德只能得到第二根链条。

究竟是谁第一个打破僵局则取决于达到僵局状态时所走步数的奇偶性。若该数为偶数,则阿尔弗雷德将打开第一根链条而贝蒂将得到它;若该数为奇数,则打开第一根链条的人将是贝蒂,而阿尔弗雷德将得到它。如果阿尔弗雷德想赢贝蒂(后者是第0级水平的玩家),那么他要保证:达到僵局状态所需的步数加上链条数的和必须为偶数。如果做到了这一点,那么无论是阿尔弗雷德打开偶数根链条的第一根,还是贝蒂打开奇数根链条的第一根,阿尔弗雷德总会是赢家。

不过,贝蒂也可以应用第1级水平的策略。倘若阿尔弗雷德在应用第1级水平的策略,那么贝蒂要保证达到僵局状态所需的步数加上链条数的和必须为奇数。通过仔细盘算各种变化,从僵局状态逆推几步,可以帮助她达到目的,但不一定能保证如愿。

即使在上述低水平的玩法中,我们已经发现这里存在一些简单的数学原理,可以用于分析与游戏状态有关的各种不同数据的奇偶性。然而,第2级水平的玩法完全破坏了这些特定原则,在第1级水平的玩法将导致失败时不再去实施这种策略。就本例而言,阿尔弗雷德知道,如果在第12步以后,双方都采用第1级水平的策略,那么他肯定要输。因此,他决定采用一种狡猾的办法,使贝蒂陷于困境。在第13步,他依然打开了长度为2的链条,白送给贝蒂两个盒子。在第14步,贝蒂打开了长度为3的链条,让阿尔弗雷德来取。但在走第15步时,阿尔弗雷德拒绝把这根链条上的3个盒子照单全收。他只接受了其中一个盒子，然后画了一条线段，制造出了一个待封闭的2×1矩形，我称此图形为**骨牌**，见图6.2。

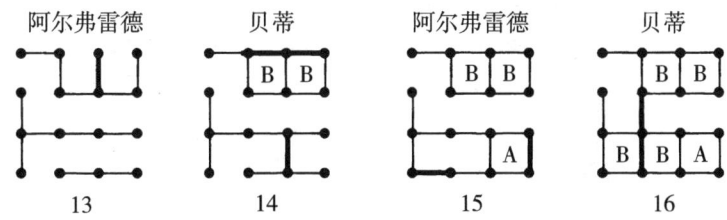

图6.2 一种改进策略

这种策略通常称为**欺骗走法**。它其实是一种"鱼饵"，让贝蒂轻而易举地取得意外的战利品，但却把她置于致命的处境，不管她接受与否，总是难以逃脱厄运。如果她在这骨牌中间画线段，她当然可以一举获得两个盒子。可是她必须再走一步，从而打开了长度为4的链条，于是阿尔弗雷德得到了大头，将以5对4的优势获胜。如果贝蒂直接打开长度为4的链条，那么情况会更加糟糕：阿尔弗雷德既取得了整个长链条，又把骨牌中的两个盒子照单全收，结果将以7对2的优势大胜。

就本例而言，贝蒂在阿尔弗雷德走出了欺骗走法的那一刻就显然失败了，因为此时盘面上只剩下了一根链条与一个骨牌。假定此时还剩下好几根链条，那么，贝蒂能否也来玩一玩欺骗走法，从而捞回一些领地呢？

未必如此。设想盘面上达到了这样一种状态：有一些"骨牌"，再加上一些长度为3或3以上的链条（我们此后将称之为"长链"）。设想

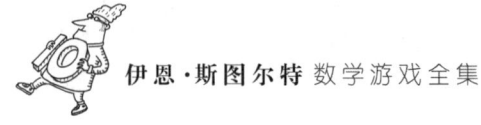

轮到贝蒂走。贝蒂可以把所有的骨牌取走——如果她不这样干,那么阿尔弗雷德可以在他下面的一系列行动中攫取它们,而不至于使自己陷入不利地位。贝蒂现在打算采用一种经过修正的第1级水平策略:打开剩下长链中的最短者,从而迫使阿尔弗雷德打开次短的长链……这样一来,似乎一切都将取决于长链根数的奇偶性,同前面的分析完全一样。是这样的吗?

非也。倘若剩下的长链根数是奇数,那么阿尔弗雷德肯定乐意采用第1级水平的策略。但如果它是偶数(实际上如果它是奇数也是如此),他并非必须接受整条链不可。他可以改用第3级水平的策略,即留下两个盒子,把其他的全部拿走,以一个欺骗走法来收尾。这样一来,贝蒂仍将遇到和以前一样的问题,只是少了一根长链(这意味着奇偶性的改变)。实际上,阿尔弗雷德可以在每根长链中彬彬有礼地留下两个盒子送给贝蒂,而把其他的统统拿走,并迫使贝蒂打开新的长链。

倘若这些长链包含5个或更多个盒子,那么阿尔弗雷德每战皆胜。如果包含4个盒子,那么他同贝蒂将平分秋色。仅当这些长链只包含3个盒子时,这一策略将使贝蒂比阿尔弗雷德多拿一个盒子。如果存在好几根长链,其中长度大于或等于5的足以抵消长度为3的长链所造成的损失,那么阿尔弗雷德就能获胜。

如果一位玩家能迫使其对手打开一根长链,我们就说他取得了游戏的**控制权**。现在让我们把迄今已了解的较优策略总结如下。好的策略(不一定是最好的办法,但对付大多数人非常有效)是要取得控制权,然后用在每根长链中让出最后两个盒子的方法来保持它。不过,对最后一根长链,你要不客气地把最后两个盒子也照单全收。通常在盘面上总是有好几根长链,采用这一策略一般收效甚佳。

总之,本游戏的关键不在于几个盒子的得失,而在于取得控制权。现在我们准备开讲第4级水平的策略了。你将如何取得控制权?情况表明奇偶性再次掌握着关键,但我们首先要引入另一个概念。当一位玩家添上中间一画接收一个骨牌,从而一步取得两个盒子时,我们称之为**一举两得**。现在可以讲取得控制权的有效策略了:

- 阿尔弗雷德尽可能使原有的点数与一举两得数之和为奇数;
- 贝蒂尽可能使原有的点数与一举两得数之和为偶数。

还可以把上述规则说得更简单一些,因为人们注意到,不论点阵大小如何,把点数加上一举两得数之后,其和一定等于游戏的总步数。稍作一些思考后即可将上述规则改述为:

- 阿尔弗雷德尽可能使原有的点数与最终的长链数之和为偶数;
- 贝蒂尽可能使原有的点数与最终的长链数之和为奇数。

你们也许认为,把策略搞到这样的深度已经很了不起了,然而伯利坎普书中的策略部分共有86页,迄今为止,我们仅仅讲了7页而已。进一步的课题还涉及一个紧密相关的游戏——尼姆串,以及尼姆加法的概念,它对许多游戏都极为重要,但要仔细叙述,至少需要另写一章(甚至10章也不嫌多)。一旦将这些技巧装备了你的头脑,那么十之八九你将获胜,不过,比分将会非常接近。

我还想再介绍一个概念,傻瓜走法,它是以下几种走法之一:

- 将一根长度为2的链条画成使对手很容易制造出一个骨牌的形式(称为**半心半意的施舍**),参见图6.3;

- 打开一根长链；
- 打开一个长度大于等于4的闭环。

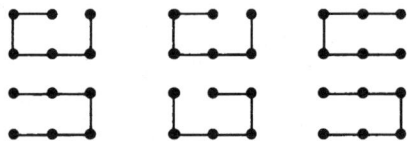

图6.3 半心半意的施舍

可以证明,如果你的对手走出了傻瓜走法,那么你至少可以取得剩下盒子数的一半。不过,该证明并不是推定性的,也就是说,它并没有具体指示你怎样取得这些盒子。基本想法是,在每种情况下你都可以在两种走法中任择其一,如果其中的一种走法对你的对手有利,那么另一种走法就必然对你有利。在确定何种走法较好时,尼姆串理论会对你提供一些启发。

内行之间交手时,通常都会到达一种状态,其时所有可能采取的走法都将是傻瓜走法。这就是所谓的**傻瓜残局**,在数学上它是极其复杂的。伯利坎普已对它作了深入分析。在傻瓜残局中取得胜利十之八九是一个取得控制权的问题——从而使我们再一次回到控制即是关键的理念。

好一个古老的点格棋游戏呀,它远较我们所想象的复杂——它是如此高深与微妙,乃至迄今仍然没有人知道它的完整取胜策略。伯利坎普称之为"世上数学内涵最为丰富的大众化儿童游戏,有着无限广阔的发展余地"。千万不要低估表面上看来十分简单的游戏的数学内涵啊。

第 1 章
难搞定的嚼巧克力游戏

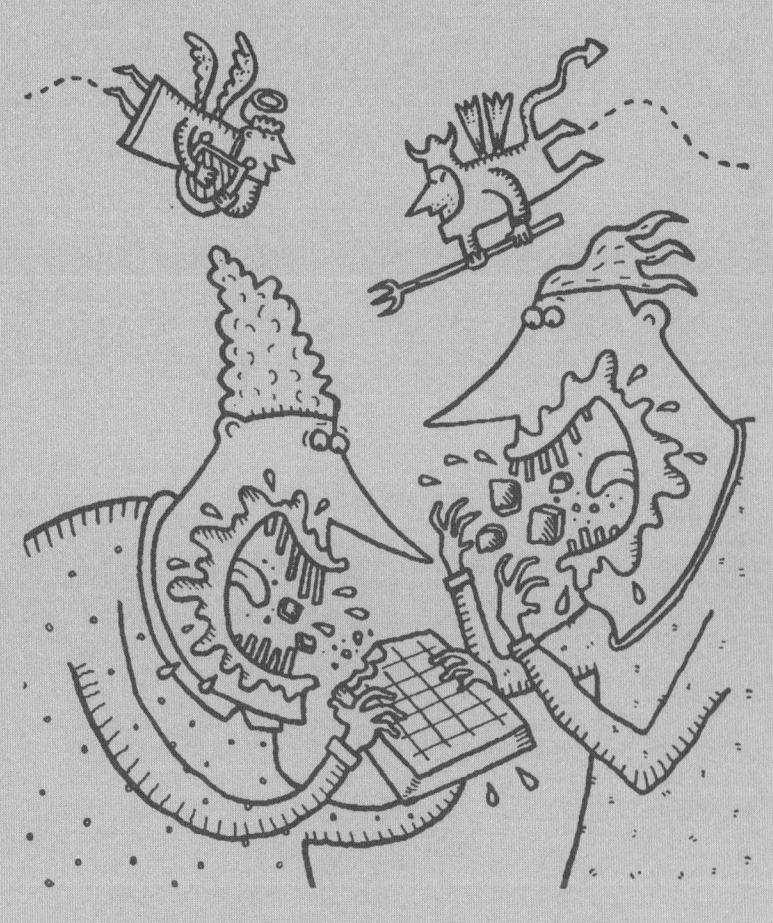

"倒胃口的巧克力"与"大嚼巧克力"都是嚼巧克力游戏,有着极其相似的游戏规则,但也仅止于此。前者是一种"梦想游戏",取胜策略十分简单。后者却是一种"梦魇游戏",我们已经知晓先走者只要总是走出最佳步子就稳操胜券,然而我们并不知道这些步子究竟应该怎样走。这两种游戏都教给我们一大堆有关取胜策略及如何把它们找出来的知识,但也有可能一无所得。

点格棋与海盗困境

规则十分简单的游戏并不意味着它必然有着简明的策略可以让你稳操胜券。有时候，这样的取胜策略是存在的，譬如两人轮流画○与×的游戏（井字游戏）就是一个很好的例子。然而有些时候，这样的取胜策略并不存在，例如孩子们玩的点格棋游戏：两人轮流在点阵中连线，将围起来的小方格据为己有，就是一个恰当的例子（参见本书第6章）。我把第一类称为"梦想游戏"，第二类称为"梦魇游戏"，这样叫的理由相当明显。规则极为类似的游戏在它们分别到达"梦想"或"梦魇"状态时有可能变得极其不同。当然梦魇游戏通常更为有趣，因为在你玩的时候可能对谁将取胜一无所知，或在某些情况下，尽管知道谁会获胜，却不知道究竟怎样去实施。

为了对这些惊人的事实举例说明，我将要讨论两个基于巧克力块的游戏。其中的一个是"倒胃口的巧克力"，它是一种梦想游戏。另一个是"大嚼巧克力"游戏，其规则同前一个很相像，但却是一个梦魇游戏——它有一个惊人的性质，即采用最优策略的先走者总是能赢，但没有人知道要用什么办法去赢。

我不知道究竟是谁发明了"倒胃口的巧克力"。把它介绍给我的人是奥斯汀(Keith Austin)，他是谢菲尔德大学的一位英国数学家。游戏的道具是一块理想化的巧克力，其形状是分成许多小方格的矩形。我将把两位玩家分别唤作"温"(Wun)与"土"(Too)，一望而知这是"One"与"Two"的谐音，也就是"先手"与"后手"的意思。两人轮流掰下一块巧克力，并且必须把它吃到肚子里去。这样的举动就称为游戏中的"一步"。掰巧克力时必须沿着将矩形分成一个个小方格的直线进行。矩形的一个角上的小方格里放的是一小块肥皂，不得不吃下这块小方格中的肥皂的人便是游戏的输家。图7.1中黑色箭头表示的是采

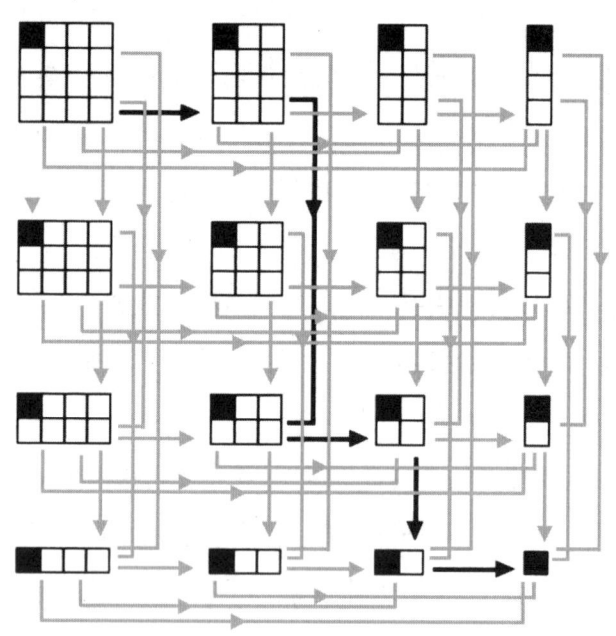

图7.1 "倒胃口的巧克力"游戏的博弈树

箭头表示符合游戏规则的行动，拿走的巧克力当即被吃掉；角上涂黑的小方格代表肥皂，黑色箭头表示对局中真实的走法，灰色箭头则表示其他可能走法

用4×4巧克力块时游戏的一种走法,而灰色箭头表示的则是所有其他替代走法。整幅图构成了4×4"倒胃口的巧克力"游戏的**博弈树**。我们可以立即看出,由于土犯了一个低级错误,结果把本来可以赢的一局输掉了。

一个**取胜策略**是指不管对方如何应对,必然能够取胜的一系列行动。策略的概念不仅针对某一个游戏,而是覆盖一切可玩的游戏。当你下国际象棋时,你的考量绝大部分集中在"如果……那么……"之类性质的问题上。"如果我挺兵,那么他的后会怎么走?"战略战术主要集中在你与你的对手在未来将会采取的行动,而不仅仅是已经采取的行动。

对"有限"博弈(指那种不可能永久持续下去且又不能走成平局的博弈)而言,已经有了一个相当简洁美妙的理论。它主要依据以下两个简单原理:

(1)如果在某个位置你能通过走出**某些**步子将你的对手置于失败位置,则此位置即为获胜位置。

(2)如果你走出的**每一步**都将使你的对手处于获胜位置,则此位置即为失败位置。

以上的逻辑似乎有点"循环论证"的味道,但其实不然,它是递归的。两者的差别在于,倘若是递归论证的话,你会有一个出发点。为了说明问题,我将利用以上两个原理来找出4×4"倒胃口的巧克力"游戏的一个取胜策略。诀窍就是从终点处开始逆推回去,这种过程通常被叫作"修剪博弈树"。

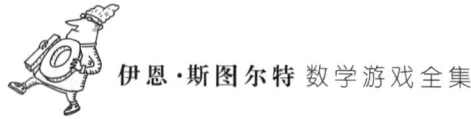

那个有肥皂的小方格■当然是失败位置,我将用下面的图示来表达这一事实。

```
L  *  *  *
*  *  *  *
*  *  *  *
*  *  *  *
```

图中的各项不是指巧克力块,而是图7.1中标出的各个位置。这里的"L"意味着"失败位置","*"的意思是"尚属未知",而"W"则代表"获胜位置",一旦我找到几个,就马上把它记录在案。事实上,■ ■□ ■□□ ■□□□统统都是获胜位置,因为你可以用一步拿走所有的白色小方格,留下唯一的那个有肥皂的小方格给你的对手。与之等价的是,根据上述的原理(1),博弈树上有箭头直接通到■的那些位置都是获胜位置。根据类似的逻辑推理,转过一个直角的相同位置也是获胜位置。现在我们已经把博弈树中一步可到肥皂小方格的所有分枝统统修剪掉了,从而清楚地得出了这些位置的状况:

```
L  W  W  W
W  *  *  *
W  *  *  *
W  *  *  *
```

那么,对 ■□/□■ 来说,情况又如何呢?此时,你能采取的唯一走法将是 ■□/□□ 或 ■□,而当你把白色块拿走后,你把一个获胜位置留给了你的对手。现在,原理(2)告诉我们,■□/□■ 是一个失败位置,从而我们可以

再次进行修剪,得出:

```
L W W W
W L * *
W * * *
W * * *
```

这样一来,又可推出 ▨▨ 等等是获胜位置(掰下一块后留下 ▨),得到:

```
L W W W
W L W W
W W * *
W W * *
```

采用这种方式进行逆推,你可以最终推断出任何位置的状况(获胜或者失败)。逻辑论证并未陷入循环,而是一种相互交织的螺旋线,逐步从博弈树上下来:从树叶到细枝,从细枝到分枝,从分枝到树干……这就是采用"修剪"这一比喻的原因。不过,我们必须从**终点处**开始,这当然是个缺陷。尽管如此,我们真正需要做的是按乔治·华盛顿的方式,一举砍下整棵博弈树,找出开局位置究竟是好是坏——倘若它是一个获胜位置,那就找出具体的走法。对于博弈树很小的游戏来说,这几乎毫无困难:反复修剪直到判别出所有位置的状况。对图7.1,修剪作业完成之后我们将得出:

```
L W W W
W L W W
W W L W
W W W L
```

由此可见，4×4是一个失败位置。

如果你对更大的矩形或正方形巧克力块进行试验，你会很快发现类似的模式：失败位置都位于对角线上①，所有其他位置都是获胜位置。现在不难看出，位于对角线上的位置都是些正方形，即：1×1，2×2，3×3，4×4。这表明，有一个极简单的策略可适用于任何尺寸的巧克力块：正方形是失败位置，矩形是获胜位置。一旦注意到了这个非常明显的模式，我们就可以极其方便地检验它的正确性而不必兴师动众地全面检查博弈树来核实原理(1)与(2)。下面简要地说一下推理过程。很明显，任何矩形(获胜位置)总是可以一步变成正方形(失败位置)。反之，如果你从正方形(失败位置)开始，不管你怎么走，不可能不留给对方一个矩形(获胜位置)。另外，■是一个正方形，而我们已经知道它是一个失败位置。所有这些情况同原理(1)、(2)是相容的，因而通过逆推的办法我们可以(递归地)推论出每一个正方形是一个失败位置，每一个矩形是一个获胜位置。我们现在可以看出，图7.1中"土"这个玩家所走的第一步犯下了大错。我们还可以看出，"倒胃口的巧克力"游戏是一个梦想游戏，不管巧克力块本身大小如何。

原则上，同样的过程可以适用于任何有限博弈。开局位置是博弈

---

① 此语略有小疵，实际上指的是主对角线。——译者注

树的"根"。另外的终端则是最外面的细枝末节,它标志着一个或另一个玩家的输或赢。由于我们已经知晓这些终端位置的输赢情况,就可以利用原理(1)或(2)沿着博弈树的树枝逆推,一面前进一面标出各个位置的"获胜"或"失败"。首先,我们定出从游戏终点处一步可到达的所有位置的输赢状况;其次,我们定出从游戏终点处两步可到达的所有位置的输赢状况,依此类推。由于已假定博弈树是有限的,我们最终必将到达树根——开局位置。如果该位置的标志为"获胜",那么,温(先手)将会有一个取胜策略;否则,土(后手)将拥有取胜策略。

我们甚至可以再次从原理上给出取胜策略。如果开局位置的标志为"获胜",那么,温一定要走到标志为"失败"的位置,也就是必须让土面对这个位置。由于这是一个失败位置,所以不管土采取什么动作,都将为温提供一个获胜位置。于是温可以重复同一战略,直到游戏进行到终点。类似地,倘若开局位置的标志为"失败",则土将拥有一个取胜策略,进行的方法同上文一模一样。因此,在有限的、没有平局的博弈游戏中,由博弈树逆推,原则上可以确定一切位置的状况,自然也包括开局位置在内。之所以我要说"原则上",那是由于当博弈树很大时,计算量将大得难以驾驭。甚至很简单的游戏也可以产生巨大的博弈树,因为博弈树要覆盖一切可能的位置与一切可能的走法。这就为梦魇游戏敞开了大门。

作为"倒胃口的巧克力"游戏的对比,我们现在要介绍一个游戏规则几乎雷同,但博弈树的修剪工作很快变得不可能进行下去的游戏(即使在修剪工作尚能进行时,它也显示不出任何规律,仍然得不出简单的策略)。这个游戏叫作"大嚼巧克力",多年以前由盖尔(David Gale,加利福尼亚大学伯克利分校)发明,在他的一本趣味数学巨著《探索无意识的蚂蚁》(Tracking the Automatic Ant)中有详尽描述(参见"进阶读物")。盖尔是通过排成矩形阵列的小甜饼或饼干来讲解这种游戏的,但我仍然坚持用巧克力作道具(其实利用纽扣或类似的小物品更为合适)。"大嚼巧克力"与"倒胃口的巧克力"的游戏规则十分类似,唯一的差别在于,合法的一步是取走一块矩形的巧克力,如图7.2所示。说得更具体些就是,一位玩家在选中一个小方格后,要将与之同行的右方、同列的上方的全部小方格,以及在这些方格右方和上方的小方格统统取走。

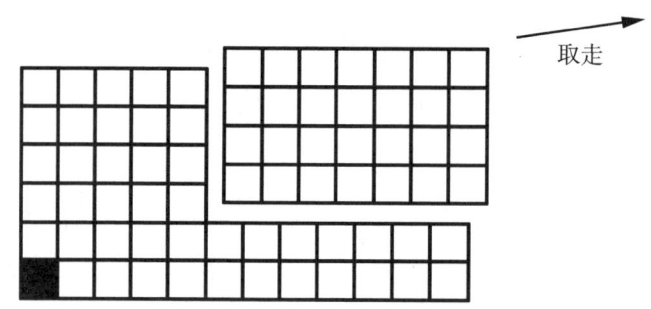

图7.2 "大嚼巧克力"游戏中典型的一步

对不同于1×1的任意形状的矩形巧克力块[见图7.3(a)]来说,本游戏是温(先手)可赢的,下面介绍一个简洁的证明。用反证法。假设结论不成立,土(后手)有一个取胜策略。现在温可以取走右上角的一个小方格[见图7.3(b)]。这样做是不会使土面对一个失败位置的,因为我们已假定开局状态对温来说是一个失败位置。于是土可以走出一步取胜动作[例如图7.3(c)那样的],使温面对一个失败位置。然而,开始时温就可以采取图7.3(d)那样的走法,把同样的失败位置抛给土。这样一来,就同土有一个取胜策略的假设产生了矛盾,从而证明了假设必然是错误的。这就意味着,拥有取胜策略的一方是温而不是土。

这类证明称为"策略盗用"。如果温可以作出一个装装样子的假动作,装作后手玩家,然后套用土的取胜策略来获胜,那么土一开始就

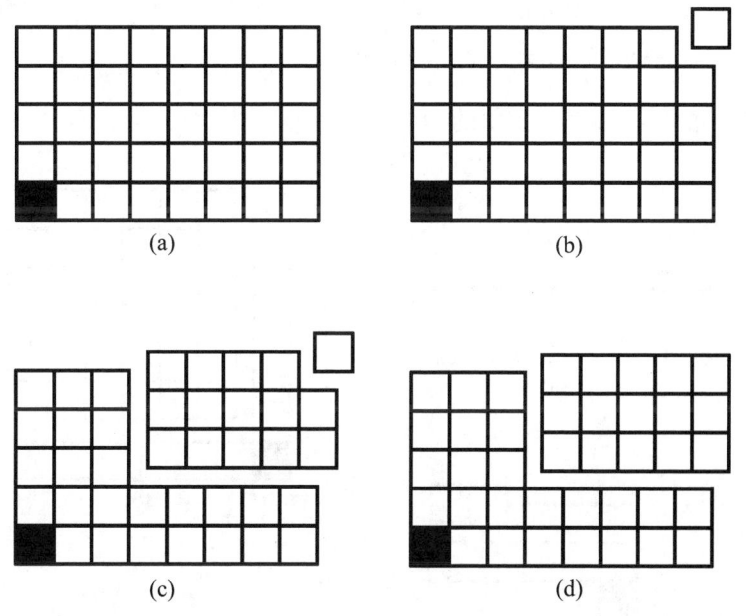

图 7.3
(a) 用来说明策略盗用的巧克力块;(b) 如果温走了这一步;(c) 土走了一步假定可以取胜的动作;(d) 那么开始时温就可以走出土的步子

不可能拥有这样的策略——这意味着温必然拥有一个取胜策略。有讽刺意味的是,尽管这种证法能起作用,解决了问题,然而它对温的具体取胜策略并无帮助,一点点线索都提供不了!

对于"大嚼巧克力"游戏,除了极个别的几个简单例子外,迄今依旧不知道它的详尽取胜策略。在2×n(或n×2)的情形中,温永远能够保证做到把一个矩形缺一角的局面抛给土[见图7.4(a)]。在n×n的情形中,温的策略是:留下L形状的边,把其他一切小方格统统拿掉[见图7.4(b)],然后再照搬土的走法,把其对角线反射像取走。另外还有一些较小个案的取胜策略也是已知的:譬如说,在3×5的情形中,温的唯一取胜策略是拿掉右上角的两个小方格[见图7.4(c)]。有时,取胜的

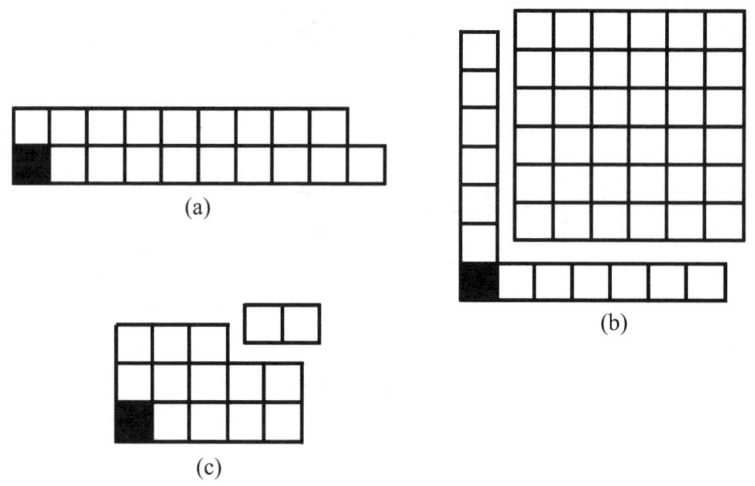

图7.4 三种情形中的取胜走法
(a) 2×n 的情形;(b) n×n 的情形;(c) 3×5 的情形

走法并不是单一的,例如在6×13的情形中就存在两种可以取胜的走法。

有关"大嚼巧克力"游戏的其他信息也可以在伯利坎普、康威与盖伊的巨著《稳操胜券》(*Winning Ways*)中查到(参见"进阶读物")。这个游戏还可以在一块无限大的巧克力上玩——带有一点悖论意味的是,此时它仍然是一个有限博弈,因为在走了有限多步之后,只剩下了巧克力块的有限部分。然而,输赢情况有所改变了:土有时能取胜。例如,在2×∞的情形就是如此。图7.5表明,不管温怎么走,土都可以选择一种应对策略使局面变成图7.5(b),而我们已经知道它是一个失败位

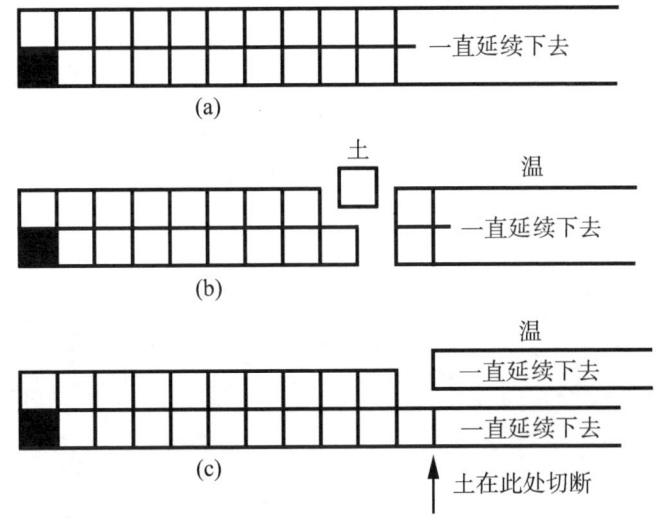

图7.5 土怎样在游戏中取胜
(a) 开始;(b) 温的一种走法及土的应对;(c) 温的另一种走法及土的应对

置。严格说来,我在此处应当格外小心。因为所谓的"∞",我的意思实际是指排列成常见顺序的正整数集合,集合论专家用希腊字母ω(Omega)来表示它,一般称为"第一级无限序数"。此外还有许多其他的无限序数,但它们的性质过于专业化了,在此无法一一描述。欲知其详,请参见盖尔的那本著作。在双重无限序数的阵列,以及三维或高维空间中都可以来玩这种巧克力游戏。不过总的看来,对于这类推广形式的游戏,人们对取胜策略实在是所知甚少。

第 8 章
能否照亮黑暗

两个人站在密布镜子的大厅里,其中一人划亮了一根火柴,通过一系列镜面的反射,亮光变得非常暗淡,但如果亮度足够的话,另一人是否总是能看到它?如果镜面是弯曲的,问题的答案是不能看到。但若它们都是平面镜,情况又怎样呢?1995年,有人证明问题的答案同样也是不能看到。这个证明恰如其分地巧妙应用了反射的性质。

点格棋与海盗困境

安吉拉站在美轮美奂的镜厅中,这房间的所有墙壁都是完全反射的。在室内另一处,她的朋友布鲁诺划亮了一根火柴。试问:不论他们站在哪里,倘若安吉拉按正确方向去观察的话,是否总是能看见火柴发出的光或者它的一个反射影像?与此等价的问题是:是否镜厅中的每一点"都能被照亮",或者说,火柴点燃后发出的光将充满整个房间,连一个孤立点都不会遗漏,而不论火柴在哪里?

1969年,克利(Victor Klee)首先将此问题印在出版物中,但人们认为问题的起源要早得多,至少可以追溯到20世纪50年代斯特劳斯(Ernst Straus)的工作。该问题也存在着几个不同变种:房间也许只是一个二维平面,但也可能是真正的三维空间,如为后者,则其地板与天花板(说得更一般些,它的所有内部表面)必须全是镜子。总之,无论是上述两种情况中的哪一种,我们都可以对具有平直边缘的房间(二维多边形或三维多面体)或曲线状边缘的房间来提出这个问题。而在问题的各个不同变种中,规范的数学抽象将安吉拉的眼睛与布鲁诺的火柴光焰都看作不在房间边缘的镜子上的点,而安吉拉与布鲁诺则被假定为完全透明的人。在边缘上任何部分的反射定律与通常的完全

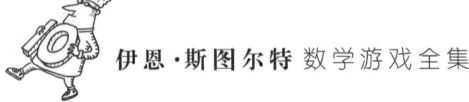

一样,即"反射角等于入射角"。但应注意,这些角仅仅定义在边缘上拥有唯一切线的点处,因而根据习惯,人们规定,倘若光线到达了不存在唯一切线的点(例如多边形或多面体的一个顶点,这时边缘将突然改变方向),它就会被"吸收"掉,不再继续传播。

我将在本章稍后一些地方阐述,就二维的情形而言,问题有一个否定的答案,它是由 L. 彭罗斯(L. Penrose)与罗杰·彭罗斯(Roger Penrose)父子在1958年证明的。其必要条件是,房间必须有曲线状的边缘,但倘若是平面多边形的边缘,则直到不久之前,问题仍然悬而未决。不过,这个问题最后还是被托卡斯基(George Tokarsky)彻底解决了,其论文于1995年发表在《美国数学月刊》上(参见"进阶读物")。他的巧妙证明中涉及一个"反射戏法",同数学中一切美妙证法一样,也是出人意料的简洁。同样性质的反射戏法在数学中被广泛应用。托卡斯基还推广了他的方法,并证明了许多二维与三维的实例,在那些具有平直边缘的房间中,并非任何一点都能被照明。

关键的想法是从一个等腰直角三角形开始着手(把一个正方形沿着对角线分成两半而得到),其中的一个角等于90°,另外两个角等于45°。通过沿着其三边的反复反射,这样的三角形可以"展开"成一个规则的格点图案(见图8.1)。如果你建造一个地板形状与之一样的房间,而所有的墙壁都是镜子,则当你站在房间之中时,墙壁就会产生一种万花筒效应,此时你就会看到此种格点图案。

格点图案被用来证明一个关键性的事实:如果一根火柴被放在这种三角形状的以镜子为墙的房间的一个45°角的顶点上,那么,把火柴

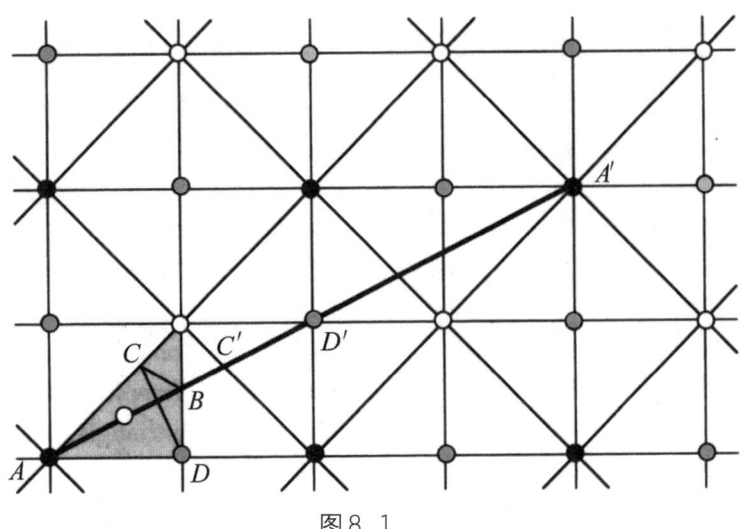

图8.1

阴影部分的等腰直角三角形通过反复反射,"展开"成为格点图案:点的涂色揭示了格点与三角形顶点之间的对应关系。如光线ABCD展开,得到直线段光路ABC'D'。任何一条虚拟的、从点A出发返回到点A的光线同样能展开为一条直线段,例如图上的AA'。然而,这条直线段必定通过一个灰色或白色的格点(此处为点D'),因而原来的光线必然会碰上三角形的顶点而被吸收掉

划亮之后,从它发射出的光线无论经过多少次反射都不能回到原处。为了说明其原因,可以先观察类似图上被标记为ABCD的光线,其展开方式与三角形完全一样。譬如说,位于三角形内的一段BC,展开后变成玻璃墙另一侧的BC',继续展开后,使CD变成C'D'。于是ABCD展开后变成ABC'D'。反射定律暗示ABC'D'是一条直线段,这一事实对随后发生的一切是至关重要的。

我们给三角形的三个顶点涂上了颜色,45°角的顶点A涂上黑色,另一个45°角的顶点涂上白色,90°角的顶点则涂上灰色。作为例子的路径ABCD终止于点D,因为它是三角形的一个顶点。与之等价的是,

展开后的点 D' 是一个格点。我们现在将要来论证,倘若真的有一条从点 A 出发返回到点 A 的光路,那么同样的事情必将发生,而这意味着,这样的光路不可能存在。

为了证明这一点,我们设想某一条从点 A 到点 A 的路径,并将它展开为一条从点 A 到格点 A' 的直线。由于点 A' 经折叠后给出点 A,这就表明点 A' 是图案中的一个黑色格点。由于在水平或垂直方向上黑色格点的分布都是相隔偶数单位的距离,其坐标均为偶数,这就意味着,在直线段 AA' 上必然存在着一个白色或灰色的格点。当水平或垂直的间距是某个奇数的两倍时,此事显而易见,因为此时 AA' 的中点坐标中至少有一个是奇数,从而该中点必定是一个灰色或白色的格点。当两个坐标都是 4 的倍数时,上述论证不成立,但此时 AA' 的中点 A'' 将是一个黑色格点,我们可以考察 AA'',并继续试下去。此时情况依然同上面的相似,或者其中点是一个灰色或白色格点,或者 A'' 的纵、横坐标仍然是 4 的倍数。如果不幸又碰到后者,我们可以用新的中点 A''' 来取代 A'',依此类推。总之,经过有限多次取代之后,上述论证的第一种情况将是一定能适用的。譬如说,如果 A' 的坐标分别为 48 个水平单位与 28 个垂直单位,则 A'' 的坐标将是 $(24,14)$,A''' 的坐标将是 $(12,7)$,于是 AA''' 的中点将是一个灰色或白色的格点。

我们现已确定,连接点 A 与另一个黑色格点的任一路径必然要碰上一个灰色或白色格点。于是我们可以把展成直线段的路径重新折叠起来,从而推断出三角形内部的原光线在返回点 A 之前必然会碰到其他两个顶点中的一个(于是被吸收掉)。这就是我们想要证明的。

我们可以利用图8.1所示的格点图案,把水平、垂直或对角线线段组合起来构建多边形房间。设想房间里有一束光线,始于一个黑色格点(布鲁诺),终于另一个不同的黑色格点(安吉拉),按照光线反射的等角原理(反射角=入射角)不断触墙反射。我们可以在生成格点图案的初始等腰直角三角形里折叠这条光路。通过上面的论证,我们已确定,任意一条这样的路径都会碰到一个灰色或白色的顶点,通过再次展开,我们可以推断出,原先的路线必将碰上一个灰色或白色的格点。因而从布鲁诺处开始,不断在镜子墙壁上反射,最终停在安吉拉处的光线必然会在途中遇到一个灰色或白色的格点。假定我们作出安排,让房间满足以下三个条件:

- 两个黑点(代表安吉拉与布鲁诺)在房间内部;
- 灰点或白点都不在房间内部;
- 在房间边缘上的任一灰点或白点都位于多边形的顶点处。

于是,碰到灰点或白点的任意光线都会碰到多边形的顶点,最终被吸收掉——由此可见,不可能存在这样的光线。

图8.2给出了这类房间的一个实例。如果你试图设计这种房间,你将发现需要不少聪明才智才能保证做到满足上述三个条件。譬如说,你很容易会把灰点或白点放在边界上而不是放在顶点处,为此你必须在边界上增添额外的三角形以增加弯曲,但(除非你特别小心)这样做会增加你不想要的、额外的内部格点,而那是违背第二个条件的……然而,只要稍微小心一点,困难是可以克服的。

图8.2所示的房间是由原先的等腰直角三角形加上39个反射"拷

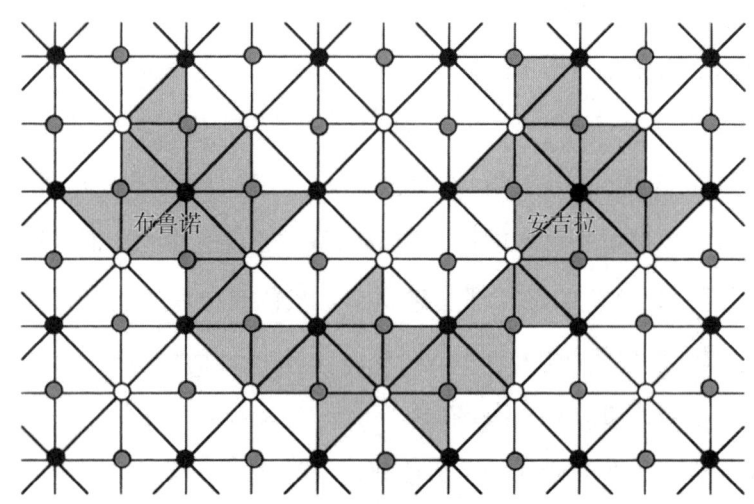

图 8.2 安吉拉看不见布鲁诺划火柴的镜厅

贝"组成的。托卡斯基的文章中的房间涉及的组分三角形只有 29 个。你能找出这样一个例子吗？有谁可以做得更好一点？尽量减小边数会怎么样？托卡斯基还针对利用正方形[见图 8.3(a)]、其他形状的三角形[见图 8.3(b)]代替等腰三角形"组成"的房间，以及三维房间的问题，应用类似的反射原理，发展出一套类似的理论。

这些例子表明，在多边形房间里可能存在一些地方，在那里火柴发出的光将无法照亮房间里的每一点。不过，我们已经证明的只是至少有某一点未被照明而已。那么，有没有可能存在一块面积非零的区域未被照明呢？这个问题显然更加棘手——譬如说，在图 8.1 中情况就尚不明朗，而且我们肯定并未证明过，发自布鲁诺的光线能否通过无限趋近于安吉拉的地方。我们知道的是，这些光线**严格地**不会碰到

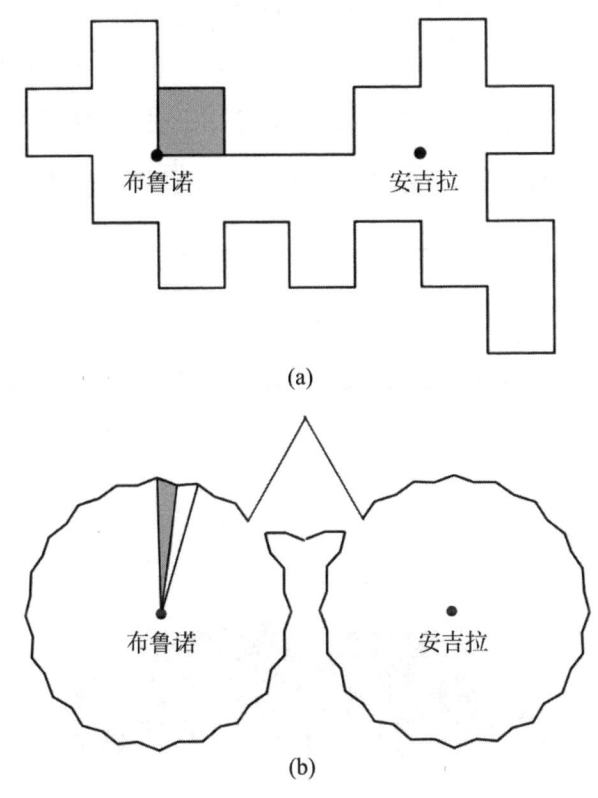

图 8.3

安吉拉看不见房间里布鲁诺所划亮的火柴(不能由反射生成影像),(a) 房间由正方形组合;(b) 房间由三角形(内角分别为 9°,72°,99°)组合

安吉拉。对多边形房间来说,答案似乎尚未揭晓,但如房间具有曲线状的边缘,那么彭罗斯先生的巧妙论证业已表明,不被照明的区域是可能存在的。回想到名为椭圆的曲线有两个特殊点,称为"焦点"[见图 8.4(a)]。不难证明,穿过椭圆两个焦点之间的任何光线将在触碰曲线之后反射回来,仍在两个焦点之间穿过,然后再次触碰曲线。这里

所谓的"穿过",我们的意思是指"穿过连接它们的直线段"。把这一性质牢记心中之后,就很容易验证图 8.4(b)那样的房间是存在着不被照明的区域的。特别是,从图上标注"布鲁诺"的阴影区域发出的光线是根本无法进入标注"安吉拉"的阴影区域的。

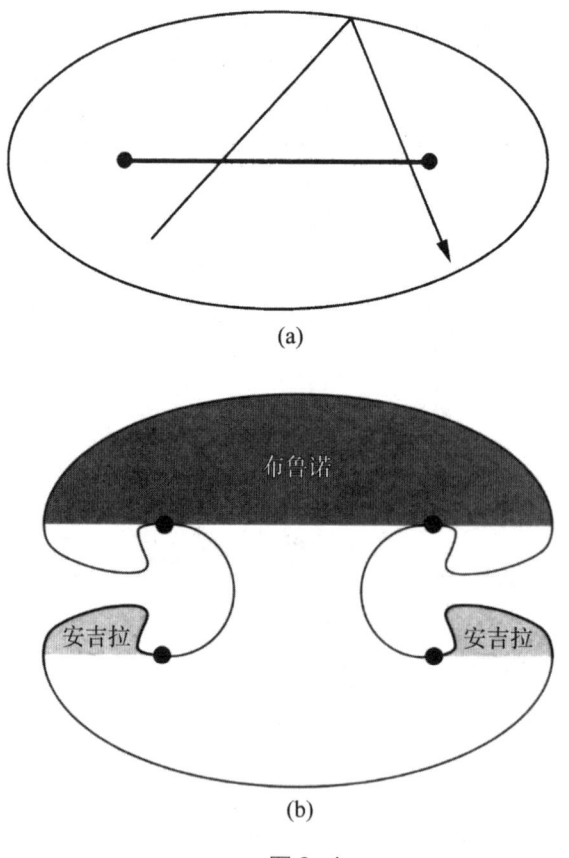

图 8.4

(a) 通过椭圆两焦点之间的光线仍在它们中间反射回来;(b) 图上给出了两个"半椭圆"及其焦点,由弯弯扭扭的曲线将它们连接,其确切形状无关紧要,从图上标注"布鲁诺"的区域发出的光线根本到不了标注"安吉拉"的区域

反馈信息

存在着许多类似的问题,有的已经解决了,有的还没有。托卡斯基在写给我的一封信中提供了更多的例子与某些推论(见来信)。劳赫(J. Rauch)曾举出过一个例子,有一个曲线状的房间,其边界除一点外,任何一点都存在着切线,却需要无穷多根火柴来照亮每一点。他还曾指出,对任意有限多根火柴,总存在着一个其边界上的任一点都有一根切线的房间,它不能被那么多根火柴照明。帕克(J. Pach)则提出了一个非常奥妙的问题:如果所有的树都能完全反射,那么在这样的森林里划亮火柴,是不是在外部总是可以看见亮光?他把圆作为树的模型,将该问题视为平面上的二维课题。然而,其答案至今无人知晓。

先生们:

我找到了一些例子和推论,其中有一些请看以下的图示。譬如说,在有些多边形房间里,你就看不到自己的反射影子(设想你是一个点)(见图8.5)。另外,还存在拥有24条边的无法全

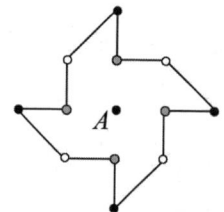

图 8.5

设想你是 A 处的一点，则在这个房间里，你将看不到自己的反射影子

部照亮的房间（见图 8.6）。尽管迄今我所例举的无法全部照亮的房间的边数都是偶数，但还有边数为 27 的房间也无法全部照亮，而 27 是个奇数（见图 8.7）。

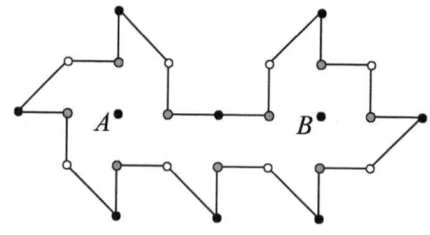

图 8.6　一种无法全部照亮的房间

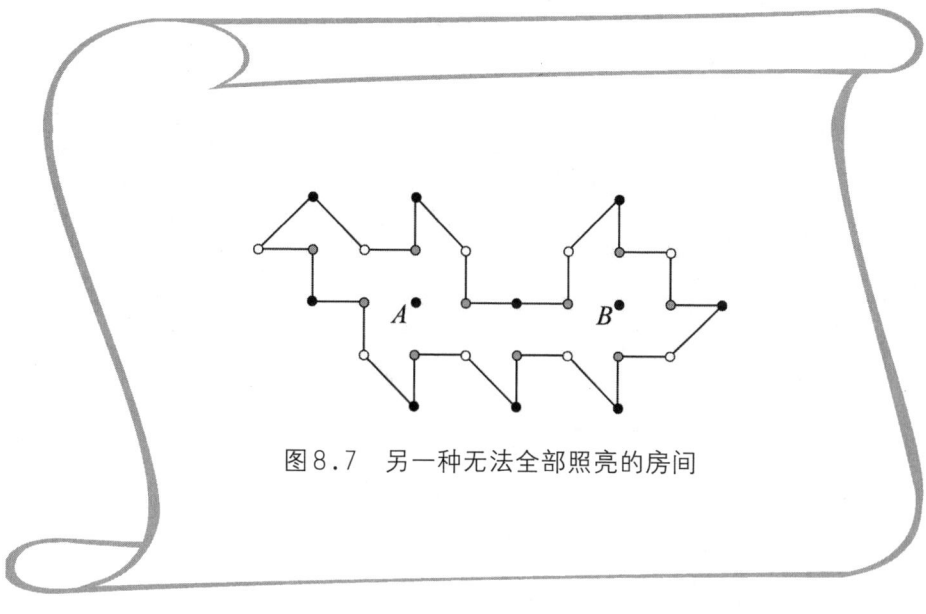

图8.7 另一种无法全部照亮的房间

第 9 章
荒谬的海盗困境

海盗们虽然凶恶,却很讲民主。在最近一次劫掠得手以后,他们准备瓜分赃物,办法是:先由最凶狠的海盗提出一个分赃方案,然后大家来投票。如果反对票超过赞成票,那么提议者就要"走甲板",即蒙住眼睛后在突出舷外的跳板上行走,最终掉入海中以饱鱼腹,然后由凶狠程度仅次于他的海盗来提出一个新的分赃方案,以此类推。如果有10名海盗和100块金币,最凶狠的海盗该提出什么样的方案,才能捞到最大的好处?如果海盗人数增至500,而金币数仍然只是100,则情况又将如何?答案出人意料,而更令人惊讶的是:如此刁钻古怪的问题竟然有解。

点格棋与海盗困境

数学推理有时会导出看上去极不合理的结论。倘若逻辑推理时不存在漏洞,那么结论应该是靠得住的。如果结论与你的直觉发生了抵触,那就表明:要么你的直觉在其他场合是正确的,却不适用于目前的情况;要么就是你的直觉根本靠不住,你必须加以修正。

1998年9月,奥莫亨得罗(Stephen M. Omohundro)发送给我的一个趣题恰恰就属于这种范畴。题目的发明者为兰兹伯格(Steven Landsberg),任职于尚佩恩市郊的伊利诺伊大学。奥莫亨得罗作了一些改进,使推理变得更加迂回曲折,结论也格外引人注目。

让我们先来看看该问题的原始版本。

10名海盗劫掠到了一批窖藏的金银财宝——100块金币,打算瓜分这些赃物。海盗们很讲民主,当然是他们心目中的"民主",并准备按惯例用下列方式来分赃。先由最凶狠的海盗提出一个分赃方案,然后每个人都来投票——每人一票,提出方案者也可投票。如果有50%或更多的人赞成,分配方案就获得通过,并立即实施。如果反对者超过半数,提议者就被抛入大海,由凶狠程度仅次于他的海盗来提方案,以此类推。

所有的海盗都乐于看到别人被抛入大海,但他们更喜欢真金白银。当然,他们都不喜欢自己被别人抛入大海。所有的海盗都会推理,并确切知道别人也同样如此,知道他们晓得……同其他形式类似的问题不一样,这个问题不会由于某种"共有知识"的披露而使局面突起变化。所有的共有知识都是大家已经全部掌握的。另外,任何两个海盗都不同样凶狠,因此有一套严格的"权势等级",每个人都知道谁比谁狠。最后还要补充的是:每一块金币都不允许分割,任何共享金币的安排都是不允许的(因为任何一个海盗都不相信他的同伙会遵守这种分享协议)。每一个人都奉行"人不为己,天诛地灭"的原则。

试问:究竟什么样的分配方案能使最凶狠的海盗捞到最大的好处?

奥莫亨德罗的贡献在于:虽然他问的是同样的问题,但海盗人数却不是10人,而是有500人之多(分的赃物仍是100块金币)。为了叙述方便起见,让我按照凶狠度来给海盗们编号:最和善的为1号,仅比他凶一点的是2号,如此等等。最凶狠暴戾的海盗号数最大。而提出分赃方案的顺序,则从最大号数开始,自上而下地依次进行。

按照奥莫亨德罗的说法,我将力图使你们相信,10名海盗的原始版本的标准答案应该是这样的:

10号海盗提出96块金币归他自己,2、4、6、8号海盗各得1块金币,奇数编号的海盗1块金币都不给。

作为对比,我要指出,对有500名海盗的版本,其答案应该是:号数大的前44名海盗都被抛入大海喂鱼,之后从第456号海盗开始……也许我把话说得太多了,你们还是听我慢慢道来吧。

正如我们在第7章中所看到的,分析所有这类游戏的策略是从终点处逆推。在终点处,你知道对各种决策而言,何者为优,何者为劣。而终点处的决策定下来之后,你就可以将它前推到倒数第二位置,再前推到倒数第三位置,依此类推。反之,如果从起始处开始,即按照与决策顺序一致的方向来进行,那么你是走不远的。之所以如此,其理由是:所有的战略性决策都环绕着同样的考量——"倘若我这样干了,下一个人将会怎样做?"因此,在你之后的那些决策才是重要的,而在你之前的那些决策则无足轻重,因为你对它们无可奈何,什么事情都干不了。

心中有了这样的理念之后,咱们的讨论就可以从以下情况开始,即只剩下P_1与P_2两名海盗了。这时,最凶狠的海盗为P_2(如果这场博弈真能走到如此之远),他的最优策略已变得极为明显:自己拿走100块金币,叫P_1什么都拿不到。显然,他自己的一票已能达到总数的50%,所以他赢了!现在,让我们添上海盗P_3。很明显,P_1知道(P_3也深知P_1会晓得),一旦P_3的分赃办法通不过,P_1将一无所得。因此不管P_3提出何种分赃方案,只要能多多少少给P_1一点好处,P_1都将投赞成票。于是P_3只要用为数最少的钱贿赂P_1,从而得出以下的分赃方案:99块金币归P_3,0块给P_2,1块给P_1。让我们写成如下形式:

P_1	P_2	P_3
1	0	99

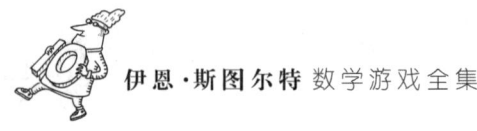

P_4的推理过程与上类似。他需要50%选票,所以他只需在船上找到一名海盗来作为同伙。最少的贿赂金额是1块金币,他把它分给P_2,因为如果P_4的方案通不过,由P_3来提分赃方案,P_2将一无所得。到此时,分赃方案形式如下:

P_1	P_2	P_3	P_4
0	1	0	99

P_5的推理过程更微妙些,他需要贿赂两名海盗,因而最小的贿赂金额将是2块金币,而唯一能使他成功的途径将是以下的分赃方案:

P_1	P_2	P_3	P_4	P_5
1	0	1	0	98

同样的分析继续进行下去,每一个分赃方案都将使提议者获取最大利益,且保证提议获得通过。就这样层层逆推,直至我们到达第10名海盗,并最终得出相应的分赃方案:

P_1	P_2	P_3	P_4	P_5	P_6	P_7	P_8	P_9	P_{10}
0	1	0	1	0	1	0	1	0	96

这就是我在上文提到的方案,它解决了原始版本的10名海盗分赃问题。

现在我们要来讨论奥莫亨德罗提出的该问题的改进版了,它比原问题更加匪夷所思。倘若海盗人数大增,情况又将如何?很明显,同样的模式至少可以维持一段时间——它可以维持到200名海盗的情形。

点格棋与海盗困境

问　　题

当有200名海盗时，最凶狠的海盗如何存活下来并捞到最大的好处？

然而,我们要尝试为 P_{500} 寻找最佳策略。初看起来,论证到达 P_{200} 处后就像断线风筝一样不再灵验了,因为 P_{201} 已经没有金币去贿赂别人了。尽管如此,他绝不情愿自己被别人抛入大海,所以他提出的分赃方案中自己可以分文不取,即:

P_1	P_2	P_3	P_4	$\cdots$	P_{197}	P_{198}	P_{199}	P_{200}	P_{201}
1	0	1	0	$\cdots$	1	0	1	0	0

这样一来,就为应对策略开创了一个新局面。因为 P_{202} 深知 P_{201} 只能接受一无所得的现实才能幸免一死,因而他可以指望 P_{201} 对自己投上赞成票。然而,P_{202} 也不得不接受一无所得的分赃,因为他必须把 100 块金币全部用来贿赂 100 名海盗——而这些人必须是按 P_{201} 的方案一无所得的人。由于这样的人有 101 个,可供 P_{202} 选择的分赃方案就不再是唯一的了。让我们以记号"*"来标记可能在 P_{202} 所提的分赃方案中"捞到油水"的人:

P_1	P_2	P_3	P_4	$\cdots$	P_{197}	P_{198}	P_{199}	P_{200}	P_{201}	P_{202}
0	*	0	*	$\cdots$	0	*	0	*	*	0

到这一步,必须增添新的考虑因素了。海盗们需要思考一下,那些被承诺可以得到1块金币的海盗在有机会获得1块金币时将会作出何种反应。这将取决于(平均来说)他愿意牺牲多少金币来观赏有人被抛入大海。问题并未对此作出安排,因而不妨合理地认为海盗们并不知晓。这意味着贿赂是有效的,因而可以认为,对后来有机会获得

金币的人给予明确的贿赂是合理的。

根据目前的情形,事情进展得很顺当:从现在开始,每一轮中会存在足够多的0,可以让后面提出分赃方案的人把贿赂奉送给他们。实际上,诺维格(Peter Norvig)业已指出,P_1到P_{200}中总是存在着100个0的分布,从而我们可以将问题解答中的接受贿赂者固定在这些人中间。读者们也许会感到诧异,为什么我老是在为这些事情操心。事实明摆着,海盗P_{203}已经没有足够的钱可用来贿赂给他投赞成票的人了,不管他的方案具体是什么内容。P_{203}终究难逃一死,对此结果,我们以记号"×"来作标记。另外,我们将以记号"?"来表达无关紧要的选择,从而得出下列情况:

P_1	P_2	P_3	P_4	…	P_{197}	P_{198}	P_{199}	P_{200}	P_{201}	P_{202}	P_{203}
?	?	?	?	…	?	?	?	?	?	?	×

尽管P_{203}注定要被蒙上眼睛走跳板,但这并不意味着他在整个过程中完全不起作用。恰恰相反,P_{204}现在知晓,P_{203}在生命中的唯一目标是避免由他提出分赃方案。于是P_{204}可以指望,不管他提出什么方案,P_{203}总会投赞成票。现在,P_{204}非常侥幸地可以平安回家了——他自己有1票,加上P_{203}的1票,以及拿到1块金币的100名受贿者,正好102票,达到必需的50%。所以P_{204}将提议以下的分赃方案:

P_1	P_2	P_3	P_4	…	P_{197}	P_{198}	P_{199}	P_{200}	P_{201}	P_{202}	P_{203}	P_{204}
*	0	*	0	…	*	0	*	0	*	*	0	0

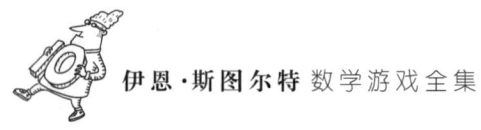

那么，P_{205}又将如何应对呢？他就没有那种好运气了！他不能指望P_{203}与P_{204}投赞成票：如果他们投反对票，他们将能观赏他被抛入大海而依然可以救活他们自己。因而我们将在P_{205}名下打上一个"×"。P_{206}同样难免一死——尽管他可以指望P_{205}投赞成票，但是还不够。与此类似，P_{207}需要104张赞成票——3张加上他自己的1张，以及来自100名受贿者的票。P_{207}可以得到P_{205}与P_{206}的票，但他还需要1票，这无法满足。因此，P_{207}名下也只能打上"×"。不过，P_{208}却交上了好运。他同样需要104张赞成票，然而P_{205}，P_{206}，P_{207}都会支持他！加上他自己的1票，以及100名受贿者的票，他就顺利过关了。他必须给那些在P_{204}的方案中得到0的人送上贿赂，即：

P_1	P_2	P_3	P_4	⋯	P_{198}	P_{199}	P_{200}	P_{201}	P_{202}	P_{203}	P_{204}	P_{205}	P_{206}	P_{207}	P_{208}
0	*	0	*	⋯	*	0	*	0	0	*	*	0	0	0	0

现在，一种新的模式已经被建立起来，它将无限持续下去。能提出分赃方案的海盗（他们自己一无所得，并对前200名海盗中的100人送上贿金），他们之间的间隔将会越来越长，介于其中的是难逃一死的海盗（不管他们提何种方案都必死无疑），而这些人都将对更凶狠的海盗提出的方案投上赞成票。得以逃脱厄运、可以平安回家的海盗是编号为P_{201}，P_{202}，P_{204}，P_{208}，P_{216}，P_{232}，P_{264}，P_{328}，P_{456}……的这些人，即200加上一个2的整数次方幂。

剩下来的问题是，谁将有幸收受贿金？当然可以肯定他们不会推却。正如我前面说过的，答案并不唯一，让我来提供其中的一种：P_{201}为

P_1到P_{199}之间奇数编号的海盗送上贿金,P_{202}为P_2到P_{200}之间偶数编号的海盗提供贿金,然后是P_{204}对奇数编号的海盗送上贿金,P_{208}对偶数编号的海盗送上贿金,就这样奇偶交替下去。总而言之,我们的结论是,对500名海盗应用最优策略,那么前44名海盗都被抛入汪洋大海,然后P_{456}向$P_1, P_3, P_5, \cdots, P_{199}$各贿赂1块金币。

亏得海盗们的民主体制,他们把事情安排得极其妥当:极凶恶的海盗大多被抛入大海,最好的结果是分文不取贼赃得以幸免一死。仅有200名最温和的海盗有望捞到一些油水,而其中只有一半人真正拿到手。上帝说,温良者可以得到财富,果真如此啊!

答　案

P_{200}可以提出如下分赃方案：P_1到P_{199}的奇数编号海盗一文不给，P_2到P_{198}的偶数编号海盗每人给1块金币，P_{200}自己也到手1块金币。

P_1	P_2	P_3	P_4	...	P_{197}	P_{198}	P_{199}	P_{200}
0	1	0	1	...	0	1	0	1

第 10 章
价值百万美元的扫雷游戏

通过分析一个计算机游戏而赢得百万美元是很不寻常的,但神奇的命运让你有了这个机会。不过,你能得到如此巨额财富的唯一可能是所有的专家都犯了错误,并证明他们认为是极端困难的一个问题实际上是非常简单的。所以,你还是不要急着去订购一辆法拉利。

本文提到的奖金是新近成立的美国马萨诸塞州剑桥的克莱数学促进会宣布的七个悬赏之一,每一个悬赏下都挂着一百万美元的标签。该促进会是由美国企业家克莱(Landon T. Clay)建立的,旨在提高数学研究水平,促进数学知识的传播。这里要讲的是一个计算机游戏,名叫扫雷,附于微软公司的 Windows 操作系统中,游戏的玩法是通过猜测与巧妙地利用计算机所提供的线索,把隐藏在方格地雷阵中的地雷一一加以确定。而游戏涉及的这个问题堪称数学中最声名远扬的未解难题之一,它的大名叫"P=NP?"。

英国伯明翰大学的数学家凯(Richard Kaye)讲解了该游戏同悬赏问题之间的联系(参见"进阶读物")。不要高兴得太早了,因为即使你赢了游戏,你也休想得到奖金。要想得奖,你必须找到一个真正第一流的巧妙方法来解决巨型网格中的扫雷游戏问题——然而一切证据都显示,并不存在这种巧妙方法。事实上,如果你能**证明**这种方法不存在,也能让你获得奖金。

让我们从扫雷游戏开始讲起。游戏开始时,计算机屏幕上显示一大片空白的正方形网格。有些格子下面隐藏着地雷,其余格子下面没有地雷。你的任务是把所有的地雷都找出来,不准它们爆炸。于是你先点选一个格子。如果格子下面有地雷,地雷当即爆炸,游戏结束,算你输了一局。如果格子下面没有地雷,那么计算机就会在这个格子里写出一个数,告诉你在这个格子周围的8个近邻(包括水平、垂直与对角线方向)格子里一共有多少地雷。

如果你的第一次猜测就碰到一个地雷,那么你是太不走运了:除了输一局外,你得不到任何信息。倘若情况不是那样,那么你将得到附近地雷所在位置的部分信息。你可以利用这些信息来帮助你点选下一个格子,然后你再一次要么踩爆地雷输掉,要么取得附近地雷所在位置的部分信息。如果你愿意,你可以在你认为下面有地雷的格子上做个标记,但如果搞错的话,你也会输。照上述方式进行下去,倘若你将所有的地雷都找出来并做好标记,那么你就赢得了这局游戏。

例如,在走过几步之后,你也许遇到了图10.1所示的局面。图中的"*"代表一个已知的地雷(其所在位置已经推定),数字是计算机告诉你的信息,英文字母则表示这些格子尚未测试过。只要稍微动点脑

F	D	2	1	2	1
A	A	3	*	4	B
2	2	3	*	5	B
0	0	1	1	4	B
0	1	1	1	2	B
0	1	C	E	E	E

图10.1 一个典型的扫雷游戏局面

筋，你就可以断定标记为 A 的格子下面必定有地雷，因为这些格子的下面正好有两个 2。标记为 B 的格子下面也必定有地雷，因为它们旁边的是 4 与 5。用同样的办法可以推出 C 下面也有地雷，然后可以断定 D、E 下面是没有地雷的。走了这几步之后，就可以点开 D，看看出现什么数，从而确定 F 的情况。

现在来说说 P=NP？问题。先回顾一下什么叫算法。算法就是可以在计算机上运行的解决某个问题的程序：每一步则由某些特定的程序构成。计算数学的一个核心问题是：用来解决一个特定问题的算法究竟可以有效到何种程度？运行时间（需要计算多少次才能求出答案）与原始数据有什么样的依从关系？从理论角度来看，主要差异在于该问题是 P 问题（多项式时间）还是非 P 问题。如果解决问题的某个算法，其运行时间的增长不超过用来处理原始数据所需符号个数的某个固定幂次的常数倍，则此类问题就是 P 问题。否则，该问题就是非 P 问题。从直觉上来看，P 问题可以有效地解决，而非 P 问题则实际上不可能用算法求解，因为不论什么算法都将耗用荒唐得不可思议的漫长时间才能求出一个答案。P 问题是容易的，非 P 问题则是困难的。当然，事情并非如此简单，但这却是一个相当好的估测办法。

你可以证明一个问题是 P 问题，只要拿得出一个多项式算法来解决它就行了。例如，把一些乱七八糟的数按顺序排列就是一个 P 问题，这也是商用数据库能处理数据的原理。搜索一系列符号组成的字符串也是一个 P 问题，商用文字处理系统能执行搜索与替换操作，其原因即在于此。2003 年，令许多数学家大吃一惊的是，有人居然证明了，测

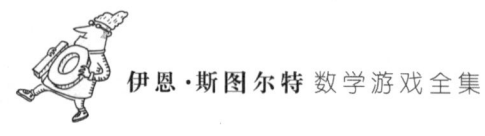

试一个数是否为素数乃是一个P问题,所需计算量的增长不超过数字位数的12次方[参见"进阶读物"中阿格拉沃尔(Agrawal)等人及波恩曼(Bornemann)的文章]。

与此相反,流动推销员问题——找出推销员走遍计划中的每个城市的最短巡回路线——被大多数学者认为是非P问题,然而这从未被证明。找出一个给定正整数的全部素因数也被普遍视为非P问题,可是它也从未被证明。某些密码系统被用于在互联网上传输个人数据(例如信用卡号码等),其安全性完全依赖于人们的信念,即它是一个非P问题。

证明一个问题是非P问题何以如此困难呢?这是因为你不可能把所有特定的算法都来分析一遍。你必须仔细考虑**一切可能的算法**,并证明它们中间没有一个能在多项式时间内求解。这是一桩难以想象、无法完成的任务。时至今日,最好的进展只是证明了,存在着很广泛的一大批候补非P问题,它们都处于同样的地位——如果其中的某一个问题能在多项式时间内求解,那么所有的问题都将如此。这里所涉及的问题也称为"非确定性多项式算法"问题,简称NP问题。

NP问题与非P问题不尽相同。如果你能在多项式时间内检验一个被提出来的解是否真的是解,那么,这个问题就是NP问题。这种问题要比在多项式时间内找到问题的解容易得多(至少看起来好像如此)。我喜欢用拼图游戏来说明这个问题。解决这种游戏也许非常困难,但如果有人声称他们已找到解法,那么通常只要很快一瞥就能检验他们做得对不对。为了对运行时间作出一个定量的估算,只要依次观察每一块拼图片，看看它是否能与其有限几个紧邻拼合就行。干这件事所需的计算次数大体上与拼图片的块数成正比。由此可见，检验工作是在多项式时间内运行的。但是，你绝不可能用上述办法来解决拼图游戏。你也根本不可能把每一个潜在的解答都依次试一试，因为解答个数的增长远远超过拼图片块数的任一固定次方幂。

已经证明的是，一大批NP问题有着"等价"的运行时间。特别地，如果一个NP问题存在一个多项式时间的解就意味着**所有的**NP问题都有一个多项式时间的解，那么该问题就称作NP完全问题。只要在多项式时间内把一个问题解出来，你就等于在多项式时间内把它们统统解了出来。目前已经知道有一大批问题是NP完全问题。所谓P=NP？的问题就是要求人们回答P与NP究竟是不是一样（尽管从表面上看来，一切迹象都显示出两者截然不同）。人们期待的答案是"否"。然而，如果**任何一个**NP完全问题都可转化为P问题（有一个多项式时间内的解），那么NP就等于P了。因而我们自然希望所有的NP完全问题都是非P问题，但迄今无人能够证明这一点。

已知最简单的NP完全问题之一是SAT，即布尔条件可满足问题。所谓布尔电路就是由"与"门、"或"门、"非"门组成的电路。这些电路的输入数据只有两种：T(真)或F(假)。每个门接纳一个输入数据，然后将组合后的逻辑值输出。例如，一个"与"门输入p、q，然后输出"p与q"，仅当p、q均为T时"p与q"为T，否则为F。"非"门则将输入T变为输出F，输入F变为输出T。

问　　题

当 p、q 为一真一假时,向布尔电路的"与"门、"或"门输入 p、q,输出的结果是 T 还是 F?

当我们引入扫雷游戏相容性问题之后，P=NP？问题就同计算机游戏之间有了联系。这不是要你去**找**地雷，而是要作出判断：一个号称扫雷游戏的某个给定状态在逻辑上是不是没有矛盾。譬如说，假如你在玩游戏时碰到了图10.2的情况，你就知道程序员一定是犯了错误：地雷的分布同图上标示的信息是不相容的。凯证明了从下面的意义上说，扫雷游戏同SAT是等价的。一个已知布尔电路的SAT问题可以通过编码的办法（编码过程的运行时间可以在多项式时间内完成）变成扫雷游戏中的一种局面，从而成为一个扫雷游戏相容性问题。由此可见，倘若你能用多项式时间解决扫雷游戏相容性问题，那么你就可以用多项式时间解决采用该电路的SAT问题。换句话说，扫雷游戏是个NP完全问题。因而，如果某个智慧的火花找到了扫雷游戏的一个多项式时间解，或者证明了这种解根本不存在，那么，P=NP？问题就（从正面或反面）解决了。

*	2	*			
*	*	*			
				0	0
	6			0	1

图10.2　一种不可能出现的扫雷游戏局面

凯的证明中有一个系统过程，可将布尔电路转换成扫雷游戏的局面。当一个格子下埋有地雷时，其状态为T，没有地雷时则为F。开始的第一步不含什么"门",只有联结它们的电路。图10.3所显示的就是一个扫雷游戏电路图。标记为 x 的格子下或许有地雷(T),或许没有地雷(F),但我们并不知道究竟是何种情况。标记为 x' 的格子,其情况正好与标记为 x 的格子相反。你可以检验一下,不论 x 是T还是F,图上的一切数字都是正确无误的。电路的作用就是把信号T或F沿着它输送出去,以便输入一个"门"。

0	0	0	0	0	0	0	0	0	0	0	0
1	1	1	1	1	1	1	1	1	1	1	1
x	x'	1	x	x'	1	x	x'	1	x	x'	1	x	x'
1	1	1	1	1	1	1	1	1	1	1	1
0	0	0	0	0	0	0	0	0	0	0	0

图10.3 一个电路图

图10.4显示了一个"非"门。在中间那一块上标出的数字将迫使输出电路中的 x 与 x' 相互交换位置,大家不难从它与输入电路的对比中看出。"与"门(见图10.5)的情况则更加复杂一些。它有两个输入电路 U、V,一个输出电路 W。为了确定它的确是一个"与"门,我们假定输出为T,然后设法证明两个输入也都应该是T。由于输出为T,于是每一个标记为 t 的格子表示该处有地雷,而每个标记为 t' 的格子表示该处无地雷。现在,上面的数字3与下面的 a_3 意味着 a_2 与 a_3 处有地雷,于是知 a_1 处无地雷,从而推出 s 处有地雷。用类似的方法可以推出 r 处有地

雷。现在，中央的数字4附近已经有4个地雷了，这就意味着u'、v'处无地雷，从而u、v处有地雷——而这意味着U、V有着真值T。反之，若U、V的值为T，则W的值也必定是T。总之，我们确实有了一个"与"门，说法可信。

					1	1	1					
1	1	1	1	1	2	*	2	1	1	1	1	1
x'	x	1	x'	x	3	x'	3	x	x'	1	x	x'
1	1	1	1	1	2	*	2	1	1	1	1	1
					1	1	1					

图10.4　一个"非"门

扫雷游戏的电子分析当然要比本例复杂得多——譬如说，我们需要把电路弯曲、分割、联结，或者使之跨越而不联结等等。凯在他的论文里把上述所有问题，以及更加难以捉摸的问题统统解决了。他的结论是：求解扫雷游戏相容性问题在算法上是与SAT问题等价的，因而它是个NP完全问题。对每一位数学家与计算机科学家来说，这意味着扫雷游戏相容性问题的固有难度极高。令人惊讶的是，表面上看来如此简单的游戏竟然有着难以驾驭的后果，但数学游戏往往都这样出人意料。

如果你对那些悬赏百万美元的重奖深感兴趣，那就请你听我一言。克莱数学促进会在接受一个有效的解法之前有非常严格的规矩。

特别是，该论文必须发表在权威性的学术杂志上，而且必须在论文发表的两年内被数学界"普遍认可"。不过，即使你并不想真正去解决这类令人生畏的困难问题，你还是可以充分享受扫雷游戏的极大乐趣，获得一些围绕着我们时代的一个重大未解决问题的许多有用知识。

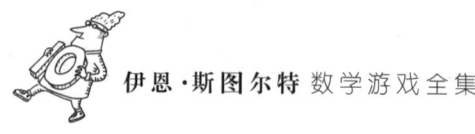

图 10.5　一个"与"门

答　案

应用于逻辑运算时,F表示假,T表示真,∧为与运算,∨为或运算。

与运算在数理逻辑中被称为"合取"。命题p和q经过合取运算,得到的复合命题$p \wedge q$叫合取命题,表示事物的若干种情况或性质同时存在。当且仅当p和q都是真命题的时候,$p \wedge q$才是真命题,其余情况$p \wedge q$都是假命题。这可以用下面的真值表来表示。

表10.1

p	q	$p \wedge q$
T	T	T
T	F	F
F	T	F
F	F	F

或运算在数理逻辑中被称为"析取"。命题p和q经过析取运算,得到的复合命题$p \vee q$叫析取命题,表示事物的若干种情况或性质至少有一种

存在。当且仅当 p 和 q 都是假命题的时候，$p \lor q$ 才是假命题，其余情况 $p \lor q$ 都是真命题。这可以用下面的真值表来表示。

表10.2

p	q	$p \lor q$
T	T	T
T	F	T
F	T	T
F	F	F

从表格可看出当 p、q 一真一假时，$p \land q$ 的输出结果为 F；$p \lor q$ 的输出结果为 T。

进阶读物

第1章

Nachum Dershowitz and Edward M. Reingold, *Calendric Calculations: the Millennium Edition*, Cambridge University Press, Cambridge 2001.

第2章

Steven J. Brams and Alan D. Taylor, An envy-free cake division protocol, *The American Mathematical Monthly* vol.102(Jan.1995)9—18.

David Gale, Mathematical entertainments, *The Mathematical Intelligencer* vol.15 no.1(1993)50—52.

第3章

R. L. Brooks, C. A. B. Smith, A. H. Stone, and W. T. Tutte, The dissection of rectangles into squares, *Duke Mathematical Journal* vol.7(1940)312—340.

Hallard T. Croft, Kenneth J. Falconer, and Richard K. Guy, *Unsolved Problems in Geometry*, Springer, New York 1991, p.81.

David Gale, Mathematical entertainments, *The Mathematical Intelligencer* vol.15 no.1(1993)48—50.

Martin Gardner, *More Mathematical Puzzles and Diversions*, Bell, London 1963.

第4章

W. W. Rouse Ball, *Mathematical Recreations and Essays*, Macmillan, London 1939.

第5章

Stuart Kirkland Wier, Insight from geometry and physics into the construction of Egyptian Old Kingdom pyramids, *Cambridge Archaeological Journal* vol.6(1996)150—163.

第6章

Elwyn Berlekamp, *The Dots and Boxes Game*, A.K.Peters, Natick MA 2000.

第7章

Elwyn R. Berlekamp, John H. Conway, and Richard K. Guy, *Winning Ways, Academic Press*, New York 1982, p.598.

David Gale, *Tracking the Automatic Ant*, Springer, New York, 1998.

第8章

George Tokarsky, Polygonal rooms not illuminable from every point,

American Mathematical Monthly vol.102 no.10(1995)867—879.

Hallard T. Croft, Kenneth J. Falconer, and Richard K. Guy, *Unsolved Problems in Geometry*, Springer, New York 1991.

Victor Klee and Stan Wagon, *Old and New Unsolved Problems in Plane Geometry and Number Theory*, Mathematical Association of America, Washington DC 1991.

第10章

Manindra Agrawal, Neeraj Kayal, and Nittin Saxena, PRIMES is in P, IIT Kanpur preprint August 8 2002;

http://www.cse.iitk.ac.in/news/primality.html.

Folkmar Bornemann, PRIMES is in P: a breakthrough for "Everyman", *Notices of the American Mathematical Society* vol.50 no.5(2003)545—552.

Richard Kaye, Minesweeper is NP-complete, *The Mathematical Intelligencer* vol.22 no.2(2000)9—15.

Math Hysteria:
Fun and Games With Mathematics
By
Ian Stewart
Copyright © Ian Stewart 2004
Simplified Chinese edition Copyright © 2025 by
Shanghai Scientific & Technological Education Publishing House Co., Ltd.
This translation is published by arrangement with Oxford University Press.
ALL RIGHTS RESERVED
上海科技教育出版社业经Andrew Nurnberg Associates International Ltd. 协助
取得本书中文简体字版版权